풍수 수납
운명을 바꾸는 정리

풍수 수납
운명을 바꾸는 정리

晟甫 안종선 지음

중앙생활사

오늘날 우리는 지식의 홍수 속에서 살고 있다. 눈을 뜨면 새로운 지식이 쏟아져 나오고, 고개를 돌리면 그 속에 파묻히게 된다. 문제는 나에게 진정으로 필요한 지식을 판별하는 것이다. 우리가 사실로 믿는 지식 중에는 막연하거나 증명되지 않은 추측성의 지식도 있다. 무엇이 옳고 그른지 알 수 없는 모호한 지식이 우리 곁에 부유하고 있을 수도 있다. 필자는 풍수지리도 그런 흐름 속에 있는 것은 아닌가 하는 의문이 들 때가 있다.

풍수지리는 인류의 시작과 함께 발생하여 곳곳에서 문화로 전승되고 있다. 풍수지리적 관점에서의 수납은 막연한 것이 아니라 오래전부터 우리의 생활 속에서 이어져온 것이고, 지금도 실생활에 이용되고 있다. 새롭게 태동되거나 만들어진 것이 아니라 우리 생활 깊숙한 곳에서 명맥을 유지해온 것이란 말이다. 따라서 풍수적 관점에서의 수납은 문화적인 것이고 오랜 역사를 가진 것이다. 이러한 큰 흐름 속에서 수납, 즉 물건을 정리하고 보관하며 유지하는 방법도 여러 이름으로 이어지고 전승되고 있다.

나름대로의 이름을 붙여 '수납' 혹은 '정리'나 '정돈'이라고 부르지만 사실 이 모든 것들은 근본적으로 사람이 이롭게 사용하기 위한 것들이다. 수납이란 우리 생활을 편리하게 하기 위한 것이기 때문이다. 수납에 대한 관심이 많아지면서 근래에는 이에 대한 여러 학설이나 이념 혹은 서적들도 많이 나타난다. 모두가 실생활에 적용 가능하고 도움이 되는 것들이다. 그런데 여기에도 문제는 있다. 편리성과 효율성이라는 점은 인정되지만 오랜 역사를 가진 우리의 전통적인 풍수지리적 관점에서도 적용 가능한 것인가 하는 점이다.

　수납에 관한 서적은 수도 없이 출판되었고 시중에 유통되고 있으며 많은 사람이 이를 실천·적용하고 있다. 하지만 이러한 책들을 통해서 수납이 오랜 역사를 지닌 우리의 전통적인 문화라는 사실을 알기는 매우 어렵다. 즉, 수납법이 현대 사회에서 필요한 것이지만 우리의 전통성을 담고 있는지는 확신하기 어렵다는 것이다.

　이 책에는 우리의 전통적인 수납을 살피고 적용하고자 하는 작은 노력이 담겨 있다. 소소한 것이지만 우리의 것을 알고 적용하고 실천하고자 하는 노력을 나름 차분하게 풀어놓을 생각이다. 이를 통해 독자 여러분도 우리 전통적인 수납에 더욱 가까이 다가가길 바란다.

晟甫 안종선

차례

공간별 풍수 수납법

좋은 운을 부르는 수납법

PART
8

전통 풍수 수납법

PART
1

수납이란
무엇인가?

수납은 버리는 것에서 시작한다

수납의 정의에는 여러 가지가 있는데 그중 가장 보편적인 것은 물품 보관이다. 물품 보관이란 단순히 물건을 쌓아놓거나 정리하는 것 이상을 의미한다. 지금부터 물품 보관, 즉 수납에 대해 구체적으로 알아보자.

수납이란 무조건적으로 물건을 숨기거나 가려서 보이지 않게 정리하는 것이라고 생각하는 사람이 많다. 실제로 그런 방식으로 수납을 실천하는 사람도 많다. 그러나 수납에는 물건을 정리하는 것 이상의 의미가 있다. 수납이란 일종의 데커레이션이다. 집 안의 구조와 가구 배치, 벽지의 색상이나 분위기에 맞추어 수납용품을 배치하고 정리정돈을 해 나간다면 인테리어 효과까지 얻을 수 있다. 이렇게 되면 자주 사용하지만 거추장스러운 물건을 감추기 위해 매번 두리번거리며 고민하지 않아도 되고, 서랍이나 장식장의 문을 여닫아야 하는 번거로움 또한 줄이거나 없앨 수 있다.

정리란 부족한 공간에 가구를 구입하여 배치하는 것이 아니다. 자꾸만 공간을 메우려 한다면 집 안의 가구만 늘어날 뿐이다. 공간이 부족하다는 생각에 넓은 집으로 이사를 하거나 또 다른 공간을 마련하는 사람도 많다. 그런데 공간을 넓히려는 계획을 세웠다면 이미 수납에는 실패한 셈이다. 정리란 수납을 위해 갖가지 수납용품을 구입하거나 가구를 늘리는 것이 아니라 필요 없는 잡동사니를 버리는 것에서 시작된다.

때로 수납장과 같은 가구나 수납도구를 장만해도 곧 다시 수납공간이 부족하다고 느끼게 될 것이다. 정리가 어려운 근본적인 이유는 공간이나 가구가 부족해서가 아니기 때문이다. 기본적으로 물건이 많기 때문에 정리가 어려운 것이다. 따라서 체계적인 정리와 공간 활용이 필요한데 이것을 '수납'이라 한다.

수납공간의 부족은 물건의 많고 적음에 비례하며, 그 원인은 버리지 못하는 마음에 있다. 아무리 넓은 공간이 있다고 해도 물건이 계속해서 늘어간다면 그 공간도 곧 가득 차게 될 뿐 아니라 또 다시 새로운 공간에 시선을 돌리게 될 것이다. 어디에도 여유 있는 공간이란 없다. 스스로 공간의 여유를 만들어야 한다. 올바른 수납의 시작은 가치 없는 것을 버리는 것에서 시작한다. 이러한 배치와 정리정돈에 전통적인 풍수지리의 이치까지 더한다면 더욱 완성에 가까운 훌륭한 수납이 이루어질 것이다.

최소한의 물건으로 수납한다

우리가 사용하는 수납용 시스템은 대부분 일정한 규모로 구성되어 있다. 가구나 박스도 크기와 그 안에 들어가는 양이 일정하게 정해져 있다. 수납 방법을 연구하거나 체계적인 방법으로 수납의 양을 늘릴 수는 있지만 주어진 공간이나 가구 이상으로 많은 양을 수납할 수는 없다. 요술단지처럼 무한정 들어가는 가구나 수납용 박스는 존재하지 않는다.

문제는 물건이다. 물건이 없다면 정리도 필요 없다. 수납용 가구보다 적은 양의 물건만 있다면 고민할 이유가 없다. 그런데 왜 이렇게 물건이 많을까? 이 물건들이 모두 다 필요할까?

사람은 여러 가지 이유로 물건을 늘린다. 예뻐서, 아름다워서, 때로는 '그냥'이라는 수식어에 어울리게 물건을 늘린다. 물건을 늘리면서 이미 같은 종류의 물건이 중복되고 결국 그중 일부는 버려지거나 방치된다. 물건의 중복을 줄이고 가짓수를 줄이는 것에서 수납은 시작된다. 최소한의 물건을 최대한의 용도로 사용하는 것이 효용성의 가치라면, 최소한의 물건으로 수납하는 것이 수납의 가치가 된다.

한정된 수납공간을 모두 가득 채우는 것도 올바른 수납이 아니다. 항상 일정한 공간의 여유가 있어야 올바른 수납이다. 지나치게 빼곡하게 채우거나 수납량의 100 혹은 그 이상을 채우면 부서지거나 뭉개지거나 빼내기가 어려워진다. 따라서 추후에 늘어나는 물건을 채울 수 있도록 20의 여유를 두어야 한다.

분류와 수납

　수납할 물건을 분류하는 것은 수납할 공간을 나누고 디자인하는 것만 큼이나 중요하다. 물건을 분류하지 않고 불규칙하게 모으다 보면 그 양은 물론 종류도 알 수 없게 섞이기 마련이다. 섞여 있는 물건을 나누지 못하 고 분류하지 못한다면 정리와 버리기가 불가능해지고 근본적으로 수납 과는 거리가 멀어진다. 수납이 아니라 쟁이거나 쌓았다는 표현이 어울리 게 된다.

　분류의 기준도 매우 중요하여 그 기준이 명확해야 난삽하지 않다. 섞여 있거나 어질러진 물건을 종류별로 묶을 줄 알아야 하고, 기능별로 분류가 가능해야 한다. 섞인 것을 추리는 것에서 수납은 시작된다.

효율적으로 배치하라

　사무실이나 연구실, 가정집에서 물건의 배치는 사용자나 사용 방법, 사 용처에 따라 달라질 수밖에 없다. 하지만 수납하는 기준은 크게 다르지 않다. 수납할 때 무엇보다 중요한 것은 사용하기 편리해야 한다는 것이 다. 아무리 가구가 잘 배치되어 있고 수납이 잘되어 있어도 사용자 입장 에서 편리하지 않으면 소용없는 일이다.

　예를 들어, 차를 고치기 위해 공업사에 가면 자연스럽게 기사의 능력을 알 수 있다. 여러 명의 기사가 있다면 공구를 사용하기 편하도록 가지런하게 정리한 기사에게 수리를 받는 것이 가장 효율적이다. 바닥에 공구가 마구잡이로 널려 있거나 여기저기 뒤섞여 있다면 오늘 맡긴 차가 빠르게 정비되어 나오기를 기대하기는 어렵다.

정비소의 기사들이 사용하는 공구박스는 가방으로 이루어진 박스가 아니라 여러 칸의 서랍으로 이루어져 있으며 그 안에는 수많은 부품과 공구가 들어 있다. 또 다른 경우는 벽에 넓은 공간이 있고 걸이가 설치되어 있어 이 걸이에 무수한 공구를 걸어둔다. 뒤죽박죽으로 걸려 있거나 무거운 공구가 위에 걸려 있고 길고 짧은 공구들이 마구잡이로 섞여서 걸려 있다면 작업의 효율성을 기대하기 어려우므로 공정이 빠를 거라고 기대하기도 어려울 수밖에 없다.

수납에 따른 배치도 이루어져야 한다. 수납이 아무리 잘되어 있다 해도 배치가 효율적이지 못하다면 어질러진 상태와 크게 다를 바 없다. 예를 들어, 주방에 있어야 할 국자가 서재나 베란다에 있다고 가정해보자. 아무렇게나 공간을 채우고 무계획적으로 가구를 배치하고 수납한다면 그때그때 분주히 움직이며 물건을 찾아야만 한다.

가구는 움직이는 동선에 따라 배치해야 한다. 가구를 배치할 때는 이미 그 가구에 무엇이 수납되어야 하는지도 체크되어 있어야 한다. 움직이는 방향을 체크하고 공간의 규모를 확인한 후 배치하면 시간과 동선을 줄일 수 있다. 쓰이는 정도와 공간의 효율을 고려하여 가구와 수납 시스템을 배치한 후 수납을 한다.

정리정돈부터
시작하자
―

정리정돈을 못하는 사람

흐트러지거나 혼란스러운 상태에 있는 것을 한데 모으거나 치워서 질서 있는 상태가 되게 하는 것을 '정리'라고 한다면, '정돈'은 어지럽게 흩어진 것을 규모 있게 고쳐놓거나 가지런히 바로잡아 정리하는 것이다. 정리와 정돈의 정의를 살펴보면 같은 의미를 반복해서 사용함으로써 정리라는 행위가 얼마나 중요한지 인식할 수 있다.

정리란 흐트러진 것을 바로잡는 것이다. 정리를 오로지 차분하게 쌓고 모으며 진열하는 것이라 생각하면 어려워진다. 정리는 근본적으로 줄이는 것이며 버리는 것이다. 줄이지 않으면 정리가 되지 않기 때문이다. 버리기, 청소, 정리정돈은 순차적으로 이루어지는 것이며, 이러한 단계가 없다면 정리정돈은 이루어지지 않는다.

정말 필요한 물건인가?

정리를 못하는 사람 중에는 컬렉션을 즐기는 사람이 매우 많다. 모으는 취미와 능력은 있는데 정리하는 능력이 떨어진다는 이야기다. 그러나 이것은 능력의 문제가 아니라 방법을 모르기 때문이다. 모으는 사람은 맹목적인 성향을 지닌다. 필요한지 따져보는 것이 아니라 소유욕이 먼저 발동한다. 하지만 정리를 위해서는 자신이 원하는 물건이 정말 필요한 것인지 되물어야 하고 스스로 판단해야 한다.

사람은 변하기 마련이고 사고 역시 성장한다. 이는 나이의 문제가 아니라 살아가며 일어나는 자연스러운 변화인데 스스로 깨닫지 못할 뿐이다. 느끼지 못하고 인식하지 못하는 사이에 선호하는 물건도 바뀌고 있다. 컬렉션 또한 바뀔 수 있다.

물건을 정리할 때는 자신에게 물어야 한다. 지금 반드시 필요한 물건인가? 미래에 필요할 거라고 막연하게 생각하는 것은 아닌가? 이 과정을 거쳐야만 물건을 줄일지 아니면 정리할지 파악할 수 있다. 물건은 가능한 줄여야 한다. 버려야 할 물건을 고르는 것이 아니라 자신에게 필요하지 않은 물건을 고르는 것이다. 하지만 애지중지 아끼는 마음이 많으면 버릴 수 없고 줄이기도 어려우므로 정리를 하기란 불가능하다.

추억은 지나가도록 놔둔다

모든 물건은 아깝다. 어느 물건이든 추억이 있고 사연이 있다. 손때가 묻고 추억이 있는 물건은 사람의 마음을 잡고 놓아주지 않는다. 그래서 오래된 물건은 소품처럼 한자리에 쌓여 있다. 하지만 먼지를 뒤집어쓰고 있을 뿐 다시 손에 쥐어지지는 않는다.

풍수지리에서는 오래된 물건은 음기를 지니게 되고 인간의 생활에 나쁜 영향을 주는 경우가 많다고 말한다. 그와 비교하여 새로운 물건은 맑은 기운과 양기를 뿜어낸다. 인간에게 좋은 영향을 주는 물건은 어떤 것일까? 불필요하다는 것을 알면서도 과거의 추억과 기억 때문에 아깝다고 보관해둔다고 해서 그것이 더 소중해지는 것은 아니다. 지나간 추억과 기억은 지나가도록 놔둬야 한다. 붙잡고 있다고 반드시 좋은 것은 아니다.

사용하는 것과 사용하지 않는 것을 구별해야 하며, 오랫동안 단 한 번도 사용하지 않았다면 그것은 더이상 사용품이 아니라 진열품이라는 점을 명심해야 한다. 결국 진열만 하다가 버리게 되는데 왜 버리게 되는지를 파악하고 진열하지 않는 것이 중요하다.

모든 물건이 필요하다는 선입견을 버려라

사람은 누구나 선입견을 가지고 있다. 자신이 가지고 있는 물건은 모두 의미가 있다고 생각하고 아까워한다. 그런데 아깝다고 생각하지만 그 이유가 분명하지 않다면 아까울 것이 없다. 이유가 없다면 아까운 것이 아니라 사실은 집착하고 있다는 것을 알아야 한다.

집 안을 둘러보면 의외로 필요 없는 물건이 많이 쌓여 있다. 사용되지 않는 물건은 사실상 필요 없는 물건이다. 눈을 돌려 다른 개념에서 살펴보고 다른 각도에서 들여다보면 불필요한 살림살이가 많이 눈에 띌 것이다. 이러한 살림살이는 먼지를 뒤집어쓰고 공간을 차지하고 있으며 인간에게 해로운 음기를 뿜어내고 있다.

선입견을 버리는 것이 정리의 시작이다. 내가 가진 모든 것이 필요하다는 선입견을 버려야 한다. 현재 사용되지 않으며 앞으로도 사용될 가능성이 없는 살림살이는 과감하게 버려야 공간을 줄이고 정리도 가능해진다.

실패해도 바뀌는 것은 없다

우리는 늘 실패해서는 안 된다는 주문을 건다. 버리는 것도 실패라고 생각한다. 따라서 어느 것 하나 버릴 수 없다. '버리고 나서 필요하면 어쩌나?' '무작정 버리고 나서 다시 사야 되는 건 아닌가?' '다시 필요하면 어쩌지?' 우리는 내가 가지고 있는 물건이 언젠가 다시 쓰일 거라는 근거 없는 기대와 확신을 가지고 있다. 하지만 다시 쓰일 거라는 기대는 요원한 희망일 뿐 다시 쓰이지 않는 경우가 대부분이다. 그러나 다시 필요할지 모른다는 기대 때문에 버릴 수가 없다.

인간은 때로 실수를 한다. 그 실수가 인생의 흐름을 바꾸지 않으면 상관없다. 필요한 시기를 놓치고 나중에 버릴 때도 있다. 혹은 다시는 쓰지 않을 거라고 생각해서 버렸는데 갑자기 사용처가 생각나거나 필요해지는 경우도 있다. 그렇다고 해서 인생의 흐름이 바뀌는 것은 아니다. 생사가 걸린 문제가 아니라면 어떻게든 해결되는 법이다. 실패를 두려워해서 정리하지 못하고 버리지 못하면 영원히 짐을 지고 살아야 한다.

정리는 단순하게 장소를 비우거나 생활공간을 깨끗하게 유지하게 하는 것 이상의 가치가 있다. 흔히 정리정돈을 하고 나자 일이 잘 풀렸다는 말을 한다. 때로는 정리정돈을 하고 나서 돈이 생겼다거나 좋은 일이 일어났다는 사람도 있다. 취직을 했다거나 결혼을 했다는 이도 있다.

명리(命理)를 '추명학'이라 부르고 풍수(風水)를 '개운학'이라 부른다. 한자로 추명학(追命學)이라 표현하는 명리는 흔히 사주팔자를 보는 것인데 이를 통해 그 사람의 인생 항로를 유추하는 것이다. 풍수를 한자로는 개운학(開運學)이라고 하는데 운을 열어주거나 개척한다는 의미가 있다. 그런데 이 운을 열어주는 과정에서 정리정돈은 필수적이다. 다시 말해 운을 바꾸고자 한다면 정리정돈이 필수라는 말이다.

필요 없는 물건을 찾아라

일단 방치한다

사람은 모두 애착을 가지고 있다. 애착은 존재감이나 기대감으로 나타나기도 한다. 아끼는 마음이 사랑하는 마음으로 표출되니 물건이나 사물을 버리기가 쉽지 않다. 사람의 애착은 무한대고 기한이 없으며 그 이유조차 불분명한 경우가 많다.

사용한 기억도 없고 사용할 기약도 없는 물건을 추려냈지만 버리기가 어렵고 마음도 편하지 않다면 일단 방치하자. 일정한 거리를 두고 방치하는 것으로 애착이 가는지, 용도성이 있는지 파악할 수 있다. 일정한 시간이 흘렀지만 용도성에 어울리게 사용되지도 않고 그 물건이 생각나지도 않는다면 필요 없는 물건이라 판단해도 좋다.

물건을 손질한다

어떤 물건을 오래도록 사용하지 않았고 앞으로도 사용하지 않을 거라고 생각했지만 아깝기도 하고 지난날의 애착으로 버리지 못하는 경우도 적지 않다. 애착이라는 것은 사랑의 감정이고 아끼는 마음이다. 특히 추억이 깃든 물건이나 소중한 인연이 있는 물건이라면 더욱 그렇다.

나름의 이유가 있어 구매했거나 인연이 있어 더욱 아꼈던 물건이라면 버리기 전에 정성을 들여 세척하고 손질해볼 필요가 있다. 손질하고 다듬는 과정에서 당시의 추억이 새록새록 피어나고 다시 애착이 생길 수도 있다. 애착이 다시 피어오른다면 한 번쯤 버릴 시기를 늦추는 것도 좋다. 반면 세척하고 손질하는 과정에서 짜증이 나고 아무런 감흥도 피어오르지 않는다면 이미 죽은 물건이다. 손질조차 하기 싫은 물건이라면 바로 처분해도 좋다.

수납공간을 줄인다

수납공간은 적당해야 한다. '적당하다'는 것은 많다는 의미가 아니다. 물건보다 조금 적은 듯해야 정리의 묘미가 있다. 빈 공간이 많거나 수납공간이 많으면 정리를 하기보다 쌓아놓게 되고 버릴 물건도 보관하게 된다. 물건을 쌓아놓는 것은 수납과 다르며 정리와도 거리가 멀다.

일부러 수납공간을 줄여보자. 수납공간이 많거나 넉넉할 때는 공간의 필요성을 잊기 쉽다. 수납공간을 줄이면 나에게 필요한 물건이 무엇인지 더욱 눈에 들어오고, 필요 없는 물건이나 용도성이 떨어지는 물건이 무엇인지도 쉽게 알 수 있다. 따라서 반드시 필요한 물건을 엄선할 수 있게 된다.

수납공간이 넉넉하게 있다 하여도 컬렉션을 하다 보면 곧 공간이 가득 차고 만다. 그러면 다시 물건을 꺼내서 버리고 세척하며 고르게 된다. 애초에 수납공간이 부족하다는 생각을 가지고 물건을 정리하면 더욱 엄선해서 물건을 고르게 되고, 수납의 효율성이 나타나게 될 것이다.

다용도로 사용하자

인간은 때로 지독한 충동구매자다. 눈으로 보기 좋아서 또는 즉흥적인 충동으로 사들이거나 준비한 물건이라도 때로는 짐만 늘릴 뿐 사용되지 않는 경우가 허다하다.

한 가지 물건을 다용도로 사용해보자. 살림도구나 문구 혹은 도구 등 한 가지 용도로 사용되는 물건을 각각의 용도에 어울리게 갖추다 보면 살림살이가 늘어나고 공간이 가득 채워져 버린다. 많은 도구를 효율적으로 사용, 배치하고 수납하면 좋을 것이나 그렇지 못하다면 다양한 용도로 사용할 수 있는 도구나 문구, 자료들을 준비하는 것도 정리를 쉽게 하는 방법이다.

버릴 것을 고르는 테크닉만큼 중요한 것이 살림이 늘어나지 않는 것이다. 아무리 정리를 잘하고 버리는 기술이 탁월해도 물건을 사들이는 방법에 문제가 있다면 물건은 쌓이기 마련이다.

세상에는 좋은 물건이 정말 많다. 비싸고 가치 있는 물건이 넘쳐나고, 새로운 용도에 어울리는 물건이 하루에도 수천수만 종이 만들어진다. 처음에는 적은 물건만으로 세상을 살아가고자 했던 사람이라도 학업, 취미, 결혼, 사랑, 취업, 교제 등을 위해 이것저것 사들이고 저장하고 방치하는 순간 물건은 순식간에 늘어난다. 자신이 무엇을 사들이는지 알지만 공간이 채워지는 것은 인식하지 못하기도 한다.

세상에 욕심이 없는 사람은 없고 자기 물건을 소중하게 여기지 않는 사람도 없다. 저마다의 애정과 욕심이 있기 때문에 긴장을 늦추는 순간 물건이 늘어나고 결국은 쌓이기 시작하는 것이다. 지금부터 물건을 늘리지 않기 위해 반드시 기억해야 할 법칙을 소개하겠다.

평균의 법칙

정리나 수납의 과정은 예전부터 있었던 것이지만 딱히 규정된 이름이 있는 것은 아니다. 군이 이름을 붙인다면 '평균의 법칙'이라고 할 수 있을 것이다. 평균의 법칙은 한번 잡힌 틀에서 늘어나거나 줄어들지 않는다는 뜻이다.

사람들은 흔히 "살림은 살면서 장만하면 돼!"라고 말한다. 그러나 살림이라는 것이 지나치게 많아지면 짐이 된다. 우리가 일상적으로 하는 말만 봐도 알 수 있다.

"물건이 많아서 치울 엄두가 나지 않아."

"이사 가려 해도 짐을 둘 공간이 마땅치 않아."

"짐이 너무 많아서 넓은 집이 필요해."

살림에 필요한 일정한 양의 가구와 물건이 채워지면 그 다음부터는 쌓기 시작한다. 늘리는 것과 쌓는 것은 다른 개념이다. 이미 있는데도 사들이거나 장만하고 늘리는 것도 쌓는 개념이다. 1년 내내 먼지만 뒤집어쓰고 제자리를 지키는 물건이 허다한데 쇼핑을 통해 같거나 비슷한 용도의 물건을 다시 사들인다. 구매의 악순환이다.

평균의 법칙은 가구와 물건 혹은 대상의 수를 더이상 늘리지 않는 것이다. 하나가 있다면 같은 용도의 물건은 구매하지 않는다. 즉, 하나를 사면 하나를 줄인다. 비슷한 용도의 물건은 어디에나 넘쳐나고 있다. 예를 들면, 등을 긁는 효자손이 방마다 있을 필요는 없다. 방마다 있어야 하는 이유는 정리가 잘 되어 있지 않아서 찾기 힘들기 때문이다. 같은 종류의 물건이 산처럼 쌓여 있어도 정리가 안 되어 있으면 다시 사야 한다.

진짜 문제는 버리기 힘든 물건의 경우다. 아무리 생각해도 여러 이유 때문에 버릴 수 없는 물건이 있기 마련이다. 이때는 다른 물건을 하나 버리는 것으로 평균을 맞춘다.

수긍의 법칙

사람은 감정의 동물이다. 실현의 욕구를 가지지 않은 사람은 거의 없다. 욕구가 강한 사람일수록 실현 의지를 더욱 강하게 발휘한다. 자신이 가지고 있는 물건으로 자신을 표현하고자 하고, 자신이 지닌 무엇으로 자신을 드러내고자 한다. 욕구가 표출되는 것이다. 욕구는 구매를 촉발한다. 구매욕은 순간적으로 이성을 마비시키고 때로 감정을 폭발시킨다. 사고 나서 후회할지라도 우선은 사고 본다. 당장 필요한 물건이 나타난다면 구매욕은 전투 의지로 바뀔 수도 있다.

문제는 사고 난 다음에 일어난다. 방송에서 광고하거나 쇼핑몰에서 홍보하는 물건을 주문하고 채널을 돌리면 바로 후회할 일이 생긴다. 그러한 과정이 반복되고 나서야 그 물건의 주인은 자신이 아니라는 사실을 알게 되지만 이미 늦었다.

사회는 나날이 발전하고 좋은 물건도 쏟아져 나온다. 불과 하루이틀 사이에 동일한 용도의 개선된 새 제품이 출시되어 유혹한다. 그리고 후회는 반복된다. 가장 유용한 선택은 물건을 주문하거나 사기 전에 충분히 생각해보고 스스로 만족할 만하다고 납득이 되는 물건을 사는 것이다. 사전 조사를 하여 충분히 수긍한 뒤에 주문 또는 구매해야 후회가 따르지 않는다.

평정심의 법칙

살아간다는 것은 물건을 늘리는 일이라고 생각해도 좋다. 처음에는 가진 것 없이 시작하지만 살아가다 보면 점차 살림이 늘어난다. 신혼살림의 경우에도 그렇다. 처음에는 사랑만 있으면 된다고 생각하지만 막상 결혼하기로 결정한 후에는 사랑만으로 살 수 없다는 것을 깨닫기까지 그리

오랜 시간이 걸리지 않는다. 양가 어른들이나 가풍도 문제가 되지만 가장 문제가 되는 것은 물건이다.

우선 집을 구해야 한다. 침대는 무엇으로 하고 소파는 어떤 색으로 할까? 장롱도 있어야 하고 식기도 필요하다. 이불과 침대 커버도 사들이고 여러 벌의 옷도 사들이지만 그다지 많은 양은 아니다. 결혼식 답례품도 사야 하지만 이것은 다시 나갈 것이니 괜찮다. 그러나 겉으로 드러나는 것보다 사들인 살림살이는 넘쳐난다.

문제는 살림이 더 늘어난다는 것이다. 신혼 때는 몰랐지만 살다 보면 이것저것 필요한 것이 나타난다. 곧이어 집 안에 물건이 들어오기 시작한다. 결혼할 때는 생각지도 못했던 물건들이다. 없어도 될 거라고 생각했던 물건들이 신혼의 살림 속으로 파고든다. 선풍기가 들어오고 에어컨이 들어온다. 냉장고는 결혼할 때 장만했지만 곧 김치냉장고가 추가된다.

모든 것은 순차적으로 이루어진 듯 보이지만 이 과정에서도 집착과 욕구가 반영된다. 즉, 선택하고 사들이기를 반복한다. 비슷한 물건도 늘고 욕구도 비례한다. 같은 용도의 물건이 반복적으로 늘어나고 점차 공간이 줄어든다. 그리고 어느 날 문득 돌아보면 모든 공간이 물건으로 가득차 있음을 깨닫게 된다.

마음을 바로잡아야 한다. 늦었다고 생각해도 지금이라도 실행해야 한다. 이제는 정말로 마음에 드는 물건이 아니라면 사들여 창고에 쌓아둬서는 안 된다. 진짜 마음에 드는 물건이 나타나기 전까지는 서두르거나 조바심을 내지 말아야 한다. 대충 비슷한 물건이 나타났다고 선뜻 구매하거나 자신의 소유로 만들어 버리면 어정쩡하게 늘어가는 살림을 막을 방법이 없다.

필요한 물건은 꼭 나타난다. 문제는 시기다. 언제 나타날지 알 수 없다. 그러나 곧 나타난다. 조금 기다리는 편이 더욱 완벽한 물건을 손에 넣는 지름길이 된다. 가능한 현실과 타협하지 말고 정말로 마음에 드는 물건이 나타날 때까지 평정심을 가지고 기다리면 반드시 기다리던 물건이 나타난다.

버릴 물건을
찾아라

—

꼭 필요한 물건을 골라라

물건은 언제 버려야 할까? 물건이 많아지면 정리가 어려워지고 무엇을 어디에 두어야 할지 헷갈린다. 여기에 그치지 않고 자신이 정리한 것들에 서조차 필요한 물건을 찾기가 어려워진다. 그러면 이제 버릴 시기가 다가 온 것이다.

버리는 일은 매우 어렵다. '버려라'는 말이 정말로 아무것이나 버리라 는 말이 아니기 때문이다. 사람은 모두 다르다. 어떤 사람은 모으는 데 익 숙하고 어떤 사람은 버리는 데 익숙할 수 있다. 하지만 산처럼 쌓여 있는 물건 중에서 정말로 필요한 물건을 찾아내고 버리고 정리할 물건을 고르 는 일은 누구에게나 어렵다. 특히 체질적으로 정리에 서툴거나 익숙해지 지 않는 사람이라면 더욱 그렇다. 막상 버릴 물건을 고르려고 하면 단 하나도 버릴 것이 없다는 생각이 들 수도 있다.

사실 버리기로 마음먹었다고 해도 무엇부터 버려야 할지 알기는 어렵다. 어느 것이나 추억이 있고 가치가 있다. 모든 것이 필요하고 다시 사용할 것 같다. 문제는 바로 여기에 있다. 어떤 물건을 버려야 할지 결정하지 못하는 것이다. 본인에게 무엇이 필요하고 무엇이 필요 없는 물건인지 판단하지 못한다. 결국 아까운 마음에 "다음에 버려야지" 하고 덮어두게 된다.

반대로 생각하면 아주 쉽다. 필요 없는 물건을 골라내는 것이 아니라 필요한 물건을 고르는 것이다. 버릴 것이 아니라 꼭 필요한 것을 찾는다. 이것은 생각보다 쉬운 일이고 판단이 빨라질 수 있다. 이제 필요한 물건을 고르는 기준에 대해 생각해보자.

- 1년에 몇 번은 반드시 사용하는 것
- 가지고 있으면 행복을 느끼는 것
- 지금 사용하는 것
- 늘 몸에 부착하는 것
- 늘 가지고 다니는 것

필요 없는 물건이라도 버리기는 어렵다. 그러나 지금 여러 물건 중에서 필요한 물건을 선택하는 것으로 방법을 바꾸면 실천이 쉬워진다. 버리는 것이 아니라 정말 필요한 것을 추린다고 생각하면 조금은 가벼운 마음이 들기 때문이다. 이때 버리는 것의 기준이 아니라 필요한 것을 고르는 기준을 세운다면 무엇이 정말 필요하고 무엇을 버려야 할지 알 수 있을 것이다. 꼭 필요한 것을 골라내고 나면 나머지는 버려도 좋다. 아낌없는 작별이 필요하다.

이제 물건을 살 때도 센스를 발휘해야 한다. 좋아 보인다고 무작정 사거나 욕심만으로 구매하게 되면 곧 버리는 물건으로 전락할 수 있으므로 정말로 필요하다고 판단되는 것만을 사도록 한다. 판단이 애매하면 기다리는 것이 상책이다.

버리기를 위한 3단계 과정

버리기 위한 점진적인 판단과 실행에는 반드시 단계가 필요하다. 무작정 버리는 것이 아니라 단계를 설정해서 버리는 것이다. 우선 버리기를 위한 3단계 과정을 설정한다. 버리는 방법은 좁은 개념에서 시작하는데 장소와 범위, 공간에서 시작한다.

1단계 : 흐트러뜨리기

중요한 것은 물건을 바라보는 시선이 아니라 눈에 보이는 물건에 대해 파악하는 것이다. 진열된 상태거나 정리된 상태로 꺼내놓으면 모두 사용하고 싶고 버리고 싶어지지 않는다. 따라서 과감하게 흐트러놓고 바라볼 필요가 있다. 흐트러진 물건 중에 용도가 생각나지 않는 물건이 있다면 그것은 버려도 좋은 것이다. 과감하게 결정하라!

우선 꺼내기부터 한다. 공간을 차지한 서랍이나 박스 혹은 물건이 들어 있는 선반을 뒤집어 쏟는다. 모두 오래전에 자신이 구매하고 보관한 것이지만 처음 보는 듯한 것도 나타난다.

"와우!"

우리 대부분은 자신이 얼마나 많은 물건을 가지고 살아가는지 알지 못한다. 같은 용도의 물건들이 쌓여 있거나 엉망이라 할지라도 수납되어 있으면 그 양을 정확하게 알기 어렵기 때문이다. 따라서 쏟아놓거나 꺼내놓으면 그 양에 감탄사를 토할 수밖에 없다. 그와 비슷한 경우가 이사할 때다. 막상 이삿짐을 싸면 처음 예상했던 것과 달리 눈에 보이지 않았던 물건들이 많아 놀라게 된다.

적으면 버릴 의욕이 생기지 않는다. 그러나 많으면 버릴 의욕이 안개처럼 피어오른다. 자신이 얼마나 많은 물건을 가지고 살아가는지 깨닫는 순간에 버리기가 시작된다.

2단계 : 현재 진행형인 것만 고르기

살아가며 늘 사용하는 것이 있는가 하면 가까이 있지만 절대 사용하지 않는 것들도 있다. 흩어지고 늘어져 있는 무수한 물건들 중에서 사용자의 측면에서 현재 진행형인 것만을 골라낸다. 지금 사용하는 것, 늘 사용하는 것, 수없이 자주 사용하는 것이 그 기준이 된다. 늘 사용하면 눈에 익기 마련이지만 사용하지 않는 것은 익숙하지 않거나 낯설기 마련이다. 현재 사용하거나 늘 사용하는 것을 골라 원래 있던 자리에 넣는다.

망설일 이유는 전혀 없다. 망설인다는 것은 그것이 늘 사용하거나 현재 사용하는 것이 아니라는 의미다. 망설인다는 것은 단지 언젠가 사용할 수도 있겠다는 생각이 강하게 들기 때문에 일어나는 현상이다. 정말로 사용하는 것이라면 바라보는 순간 판단이 가능하다. 이때 머릿속을 울리는 유혹의 목소리는 빠르게 잊어야 한다.

"곧 사용할 거야."

"언젠가는 사용할 거야."

"아직 사용할 수 있어."

"없으면 곤란해!"

현재 사용과는 거리가 멀지만 마음속에서 울려오는 소리에 매달리게 되면 결국 버리기는 힘들어진다. 따라서 냉철한 기준이 필요하다. 누가 물어도 지금 사용한다고 말할 수 있는 것만을 골라 원위치시켜야 한다.

어떤 물건에 대해 용도를 모르거나 막연하면 늘 사용하는 것과는 거리가 멀다. 막연한 이해나 기대심리가 아니라 현실적으로 사용하는 것을 골라야 한다. 마음속에서는 지금 사용한다고 우기지만 손이 다가가다 멈추거나 갈등이 생기는 것은 지금 사용하는 것이 아니다. 자신이 모를 리가 없다. 자신을 속일 생각이라면 버리는 과정은 포기할 수밖에 없다. 그런 사람은 지구가 무너져도 버리는 일을 할 수 없는 사람이다.

사용하는 물건만을 깔끔하게 다시 원래대로 위치한다. 그런 방식으로 돌려놓은 물건만이 필요한 것이다. 아무리 버리는 것을 힘겹게 여기는 사람이라도 필요한 물건을 골라내는 방법을 사용하면 어렵지 않게 버릴 것을 찾아낼 수 있다.

3단계 : 지켜보기

때로는 애매한 물건이 있을 수 있다. 늘 사용하지는 않지만 정말 어쩌다 사용할 기회가 오는 물건, 추억으로 가득해 버려서는 안 될 것 같은 물건, 버리면 후회할 거라는 확신이 서는 물건 등이다. 모든 것은 시간이 필요한 법이니 버리기에도 시간이 필요하다. 조금 여유를 가질 필요는 있다. 그러나 애매한 물건이라고 해서 다시 정리하거나 방치하면 옛날로 돌아가는 것이니 사용하는 물건들과 구분할 필요가 있다. 우선 남은 물건들을 파악한다. 버리기는 애매하고 마음에 남는 물건이라면 구분하여 일정 시간 동안 지켜보도록 한다.

❶ 바로 버릴 것

바로 버릴 것을 구분하기는 매우 쉽다. 부서진 문구, 잉크가 말랐거나 다 써서 나오지 않는 펜, 기간이 지난 쿠폰, 깨어지거나 부서진 액세서리, 굳어 쓰지 못하는 풀, 이가 무뎌지거나 헐거워진 가위, 여러 곳에서 들어온 우편 광고물, 같은 아이템으로 여러 개 있는 것, 오래도록 방치된 박스 등등이다.

❷ 시간이 필요한 것

때로는 애매한 경우가 있다. 있어도 그만이고 없어도 그만인 물건의 경우다. 또한 내가 사지 않아도 자연적으로 생기는 물건이나 원하지 않지만 내 수중에 들어와 그냥 비치해둔 물건도 해당한다. 버리기도 애매하고 수납하기도 애매하다. 이러한 물건들은 보류에 해당한다. 일정한 크기의 박스를 따로 준비하여 눈에 잘 띄는 장소에 놓아둔다. 박스에는 반드시 정리한 날짜를 표기해야 한다. 눈에 잘 띄는 곳에 놓아두고 반년이 지나도록 전혀 사용하지 않았다면 과감하게 버린다.

지난 달에 사용했다는 것을 알겠는데 다시 사용할지 알 수 없는 도구나 문구, 지나치게 많은 메모지, 오랜 시간이 흘러버린 옛 통장, 여러 가지 매뉴얼, 음악 CD 등등이 여기에 해당된다.

❸ 보관해야 할 것

추억이 담겨 있지만 전혀 사용하지 않는 물건도 있다. 30년에 한 번 찾아볼까 싶지만 버릴 수 없는 물건도 있는데 결혼식 사진첩 같은 것이 여기에 해당된다. 지금 당장은 '사용'이라는 측면에서 보면 아무런 의미가 없지만 보관하는 것 자체에 큰 의미가 있는 물건은 정리하고 보관한다. 반드시 사용하는 물건과는 구별해야 하기 때문에 '추억'이라고 표기해둔다. '추억 20'이라고 써놓으면 20대 시절의 추억이 담긴 물건이라는 표식이 될 수 있다. 때로는 진열로 전환할 수도 있는 물건이다. 시간이 지나면서 점차 사용해서 나중에는 늘 사용하는 것으로 부활할 가능성도 있다.

전혀 사용하지 않지만 버릴 수 없는 물건도 있다. 부모가 물려준 골동품, 조상의 손때가 묻은 유산의 경우다. 이러한 물건은 보관할 가치가 있고 후손에게 물려줄 가치가 있지만 사용과는 거리가 멀다. 이런 물건은 깊숙이 정리하는 것이 좋다.

나는
심플하게
산다

소유와 욕심을 버린다

인생이란 사람이 태어나 살아가는 항로와도 같다. 인생은 긴 여행이다. 긴 여행을 떠나기 위해서는 많은 짐이 필요하듯 인생의 긴 항로에서도 많은 물건이 필요하다. 그러나 때로 인생을 살면서 정말 평생을 지고 가야 할 짐이 무엇인지 되돌아봐야 하듯이 물건 역시 다시 살펴볼 필요가 있다.

사람이 평생 지고 가야 하는 것은 반드시 인생의 무게만은 아니다. 인생이라는 긴 여로를 걸어갈수록 우리가 지고 가는 짐 가방은 점점 커지고 부풀어오르며 나중에는 짓눌리게 되는 경우가 적지 않다. 인생의 짐이라고 불리는 것 중에는 추억과 기억, 과거와 미래, 의무와 역할 같은 이분법으로 분류하거나 정의되는 것도 있지만 때로는 지극히 현실적인 것도 있다. 물건이 바로 그것인데, 인생의 짐 중에 물건이 차지하는 비중을 살펴보자.

사람이 살아가면서 챙기고 소유하는 것 중에는 물건도 포함된다. 사람마다 평생을 짊어지고 가는 짐 가방은 나이를 먹을수록 커지고, 집착이 더해질수록 무게가 늘어만 간다. 이 짐은 때때로 커지고 많아지며 거추장스러워진다. 도대체 인간은 왜 이렇게 물건에 집착하는가?

많은 사람이 머릿속의 지식이나 명예 혹은 양심과 인간성보다는 물질적인 부를 자신이 살아온 인생의 표상 또는 자신이 존재하는 이유라고 생각한다. 이러한 사람들은 유무형의 자산을 자신이 가진 물건으로 파악한다. 자신의 정체성을 소유와 물건으로 규정하는 사람은 어떤 경우에도 자신의 물건을 내려놓지 못한다. 자신과 물건을 동일시하거나 추억 혹은 역사라고 생각하는 사람 또한 소유와 욕심의 개념에 관계없이 많은 것을 소유하는 것을 선호한다.

자신의 정체성과 이미지를 소유한 물건의 양, 재산의 크기, 형상의 크기로 인식하는 사람은 더욱 많은 것을 소유할수록 안도감을 가진다. 이러한 소유욕은 탐욕으로 바뀌고, 결국 탐욕스러운 사람이 되고 만다. 탐욕에 물든 사람에게 그 대상은 한도 끝도 없다. 탐욕은 모든 상황과 사람뿐 아니라 물건에도 소유욕으로 나타난다. 물질적 재산은 당연하고 사업 파트너, 예술품, 돈, 땅, 집, 자식, 지식, 치장품, 아이디어, 친구, 연인, 동료, 지위, 여행, 종교, 심지어 자신의 명성에 이르기까지 탐욕의 대상에는 한계가 없다.

많은 사람이 소유와 탐욕의 경계에서 방황한다. 때로는 그 탐욕을 컬렉션이라 부르며 나름 합리화하거나 정당화하고자 한다. 그리고 사용하지 않는 물건을 사고 모으고 진열하고 쌓아두고 방치한다.

더 나아가 세상의 모든 것을 소유하고자 한다. 자격증과 학위, 기념패와 상패를 소유하고, 여러 종류의 신용카드를 소유하며, 차량도 몇 대씩이나 소유한다. 소유욕이 극에 다다르면 사람과의 관계조차 소유로 본다. 친구를 소유하고 관계를 소유한다. 상황을 소유하고 추억을 소유한다. 모든 것은 지나치면 짐이 되고 무너지기 마련이다. 수많은 것을 소유한 사람이 과연 그 소유한 물건과 사람을 올바로 사용하고 활용하며 살아가고 있을까?

대부분의 사람들은 자신이 소유한 모든 것을 단지 '소유'한 상태로 살아간다. 소유하는 것과 사용하는 것은 근본적으로 다르다. 소유는 소유를 부르고 마침내는 욕심을 낳는다. 더욱 불쾌한 사실은 이렇게 많은 것을 소유한 사람들은 자신이 소유한 것들의 무게로 인해 짓눌리고 억눌려 살아간다는 것이다. 하지만 자신이 소유의 무게에 눌려 살아간다는 생각보다는 더 많은 것을 소유하여 모든 난관을 헤쳐나갈 수 있다고 생각한다. 소유의 벽을 넘어 욕심으로 인해 자신이 힘들고 어렵게 살아가는 것을 인식하기보다는 그것이 자신의 갈 길이라는 사고를 합리화한다. 욕심이 지나치다 보니 자유롭고 진정 원하는 삶을 살기보다는 소유욕으로 고통받으며 살아간다.

사람들은 살아가며 자신이 가진 소유물 중에 필요 없는 것이 적지 않지만 그 사실을 모르거나 무시하고 살아간다. 사용하지 않는 소유물을 자랑하거나 만족해한다. 평생 단 한 번도 사용하지 않는 지식, 학문, 기술, 무기, 심지어 삶의 방식과 일상생활의 물건도 여기에 해당한다. 소유를 통해 자아실현이라는 억지를 부린다.

사람들은 자신이 필요해서 산 물건, 소유한 물건, 가지고 있는 물건은 모두 사용되는 것이라고 생각한다. 사실 남들이 가지고 있어서 따라 사들이는 물건이 얼마나 많은가? 우리는 그 물건이 필요해서 사들이고 배치한 것이 아니라 단지 그 물건이 여기에 놓여져 있기 때문에 사용하는 것뿐이다. 그 물건이 없다고 해서 생활이 힘들어지거나 특별히 불편해지는 경우는 거의 없다.

버리는 것에 대한 두려움

사람은 살아가며 여러 가지 두려움을 느낀다. 두려움은 인간이 살아가며 늘 느끼는 것이지만 쉽게 충족되거나 해소되는 것은 아니다. 일시적으로 해소되고 사라지는 것 같지만 곧 다시 새로운 두려움에 지배당한다. 두려움의 종류는 지나치게 다양하다. 그중에는 물건에 대한 두려움도 있는데 부족하다는 두려움, 가지지 못했다는 두려움이 그것이다.

우리의 삶에서 대립과 경쟁은 늘 두려움을 주는 요인으로 작용한다. 그런데 스스로를 통제하며 소유를 절제하는 심플한 삶을 선택한 사람들은 이러한 두려움을 받아들이기에 익숙하지 못하고 훈련도 되어 있지 못하다. 그들은 심플함을 원하지만 욕구로 인해 두려움을 느낀다. 삶을 살아가면서 심플한 사고를 하는 사람들은 어느 누구보다 큰 두려움을 느끼게 되는데 이는 많은 사람들로부터 환영받지 못하기 때문이다.

자본주의 사회에서 심플한 삶을 추구하는 이들은 다른 사람들에게 피해를 입히는 존재로 인식되기 쉽다. 주변 사람들은 이들을 불안한 요인이나 피해를 주는 개체 혹은 불안의 요소로 파악한다. 심플하다는 것이 때로 한심 내지는 불필요하다는 느낌을 주어 심플하게 살아가는 사람들에게는 불합리하게 작용한다. 사람들은 자신이 지닌 욕구와 소유가 진정으로 합리적이라 생각한다. 심플한 삶을 누리는 사람을 자본주의에 어울리지 않거나 제도권 밖의 사람이라고 생각한다.

심플이란 자기 주관적이지만 자기 욕구의 통제이기도 하다. 그들은 스스로를 통제하고 소박하게 생각하고 절제하며 살아간다. 그런데 많은 사람들은 그들을 불친절하고 비사회적이며 따로 노는 사람들이라 생각한다. 그들이 선택한 삶이 다른 사람들에게 해를 입히는 것이 아닌데도 말이다. 그들이 어떤 삶을 살아가더라도 그것은 그들의 선택이다. 그런데 그것을 이해하지 않으려는 사람들이야말로 파괴자일지도 모른다.

심플한 사람들을 비판하는 사람들은 그들을 일러 '구두쇠' '위선자', '독선적인 사람' '자기만 아는 사람' '화합하지 않는 사람' '덜 떨어진 자 혹은 놈'이라 표현하기를 서슴치 않는다. 심플한 삶을 사는 사람들은 지난날의 어려웠던 시절을 생각하여 아끼고 절약한다. 자신을 절제하는 것이 그들의 일상이다. 생활이 나아져도 무리하지 않는 소비구조를 가진다. 그들은 그들 나름의 인생에 대한 그릇이 있다. 그들의 인생에 대한 철학이나 그릇에 대해 타인이 왈가왈부할 수는 없는 일이다.

많은 사람들이 그들과 반대 구조의 삶을 살아간다. 많은 것을 구비해야 하고 넓은 집에서 살아야 한다. 남의 시선에 민감하고 알든 모르든 경쟁을 해야 한다. 많은 것을 쌓아놓아야 하고 미래에 대비한다는 명목으로 같은 물건도 여러 개씩 준비한다. 그들은 "버리면 안 된다" "낭비하지 마라"고 말한다. 말은 그럴듯하지만 진정한 낭비가 무엇인지 모르는 것이다. 무엇이 낭비고 무엇이 절약인가? 그들의 창고는 물건으로 가득차고, 곧 다른 창고가 필요해진다.

많은 사람들이 버리는 것을 낭비라고 생각한다. 버리는 것은 무조건 낭비라고 생각하는 그들은 창고 가득 물건을 채우고 낭비하지 않기 때문에 모으는 것이라고 말한다. 그것이 물건을 버리는 일에 소극적인 이유다. 그들은 심플하게 살면서 많은 것을 욕심내지 않고 물건에 집착하지 않는 삶을 생각하지 못한다. 심플하면 물건을 채우지 않는다. 공간을 채우는 것이 낭비라는 사실을 왜 모를까?

사람들은 버리는 것에 두려움을 느낀다. 그러나 버림으로써 편안해지고 새로운 공간을 창출할 수 있다. 쓸모없는 물건은 버려야 한다. 쓸모없는 물건을 버리는 것은 낭비가 아니다. 쓸모없는 물건을 사용할 날을 무한정 기다리면서 소유하고 보관하며 창고에 쌓아두는 것이 바로 낭비다.

우리는 늘 공간을 탓한다. 공간이 부족하고 또 공간이 필요하다고 말한다. 공간을 채우느라 공간을 허비하고, 공간을 채우느라 공간을 잃어버린다. 그러면서 또 공간이 필요하다고 말한다. 우리는 정보의 홍수 속에 살아가고, 그 정보를 따라 살아가느라 공간을 채우고 있다. 공간은 늘 그곳에서 기다리는 것이 아니기에 소모되면 다시 찾게 된다. 인테리어 서적에서 본 그대로 거실을 채우느라 공간을 없애고, 물건을 정리하기보다 진열하기 위해 공간을 소비한다.

인간은 추억 속에 산다고 말한다. 그래서 추억이 깃든 물건을 진열하고 나열하고 전시하며 공간을 잡아먹는다. 결국 공간은 소비되고 다른 공간을 요구한다. 그러나 진정으로 필요한 것은 추억의 잔재가 아니라 공간이라는 것을 깨닫지 못하고 있다.

버리기를 '결정'하라

심플하게 산다는 것은 무엇을 의미하는가? 아무것도 가지지 말라는 것이 아니다. 가능한 가볍게 살라는 것이다. 욕심을 버리고 소유욕을 조절하는 것이다. 여기에는 가능한 편안하게 살고자 하는 의미가 내포되어 있다.

인생의 무게는 다양하게 다가온다. 높은 지위 때문에 어깨가 무겁고 명성 때문에 어깨가 짓눌린다. 돈 때문에 늘 신경쓰이고 주변 사람들의 눈치를 보느라 긴장하여 힘이 들어간다. 또한 집 안에 쌓아놓은 물건들도 문제다. 공간에 더 많은 물건을 채워야 하기 때문이다.

우리는 살아가며 매 순간 선택을 해야 한다. 우리의 삶은 선택으로 시작하고 선택으로 끝난다. 하지만 언제나 옳은 선택만을 할 수는 없듯이 물건에 대한 판단 역시 때때로 오류를 범한다. 평생 소요되지 않을 물건을 쌓아두고 고민하거나 잊어버리기도 하고, 애착도 없고 필요하지도 않은 물건을 집 안에 가득 쌓아놓기도 한다. 많은 것을 잊고 사는 인간에게서 공간의 구조나 채움에 대한 생각을 잊는 일은 다반사다. 창고에는 먼지를 뒤집어쓴 물건들이 빼곡하다. 차 트렁크에는 단 한 번도 써보지 않은 물건이 주인의 손길을 기다리고 있다. 어쩌란 말인가?

돈을 주고 살 때는 모든 물건이 귀하고 반드시 필요해 보인다. 그런데 문제는 시간의 흐름이 모든 것을 변화시킨다는 것이다. 평생 단 한 번도 사용하지 않는 물건이지만 혹시나 하는 마음으로 기대하고 쌓아놓는다. 이처럼 우리는 필요 없는 물건에 둘러싸여 생을 마감한다. 아니, 물건에 짓눌려 살아가다가 인생의 끝을 본다.

때로 우리는 물건을 어떻게 처리해야 할지 몰라 허둥거리거나 방치한다. 그런데 누구나 알고 있지 않은가? 소용없으면 버리면 그뿐이다. 문제는 마음이다. 소용없는 물건이라는 것을 알지만 버리는 결정을 하지 못해 그냥 쌓아두는 것이다. 버리는 일을 회피하거나 빠르게 결정하지 못하고 이리저리 마음을 쓰는 우유부단함으로 일관하면 물건이 쌓이고 공간은 사라지며 결정은 더욱 어려워진다. 이런 과정이 반복되면 결국 버리기를 포기하게 된다. 그리고 다시 물건에 욕심을 낸다.

버리는 일에도 기술이 필요하다. 버리기 위해서는 과감한 결정이 선행되어야 하는데 결정을 위한 노력이야말로 가장 필요한 것이다. 결정을 위해서는 자신의 확신이 있어야 한다. 불필요함을 확신하는 것이 아니라 자신의 마음을 확신하는 것이다.

PART
2

정리정돈은
어떻게 할까?

정리
마음먹기
—

모든 일이 마찬가지지만 정리도 마음먹기까지가 힘들다. 마음을 먹었다면 이미 시작한 것이나 다름없다. 그런데 정리를 한다고 하면 머리가 지끈거리고 걱정부터 앞서는 사람도 있다. 정리를 목적으로 하지 말고 정리를 마친 후에 맞게 될 좋은 결과, 좋은 기분을 목적으로 하자.

정리가 목적이 되면 일이 되어 괴롭고 쫓기게 된다. 물건이 놓여 있을 때마다 정리해야 한다는 강박증이 생겨난다. 때로는 어차피 어질러질 것이니 무신경하자는 생각이 들기도 한다. 마음속에서 짜증이 피어오른다. 정리를 하여도 자꾸만 어질러지는 방과 거실에 짜증이 폭발한다. 그래서 정리를 목적으로 하면 정리가 오래가지 않는 것이다. 정리가 목적이 아니라 정리를 함으로써 마음이 편해지고 행복해지는 방법을 찾아야 한다.

이제부터 정리를 마친 후의 결과를 생각해보자. '깨끗하면 기분이 좋아질 거야', '멋진 소품이 아름다워', '거실에서 차를 마시면 기분이 좋을 거야' 등 정리 뒤에 따라올 긍정적인 결과를 생각한다면 정리의 의미가 강해지고 정리하는 과정 또한 즐길 수 있게 될 것이다.

정리를 함으로써 맞게 되는 가장 긍정적인 결과 중 하나는 물건을 잃어버리지 않고 같은 용도의 물건을 반복해서 사지 않는 것이다. 이중삼중으로 물건을 사들이지 않으니 절약이 되고 돈과 시간을 낭비하지 않는다. 자, 이제 정리 의욕을 불태워보자!

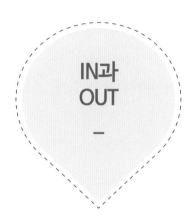

IN과
OUT
–

평소 물건을 보는 대로 사들이거나 욕심 때문에 버리지 못하고 쌓아둔다면 운의 흐름으로 따지면 대사증후군에 해당한다. 실내에 흐르는 기의 흐름으로 따져도 대사증후군에 해당한다. 대사증후군 집에 해당하면 이곳저곳이 어질러지고 청소가 되지 않으며 청소를 한다고 해도 곧 다시 어질러지기 쉽다.

들어오는 물건은 많은데 버리는 물건이 적어도 대사증후군 집에 속한다. 수납공간은 한정되어 있는데 자꾸만 물건이 늘어나는 것은 소화불량과도 같다. 밥을 많이 먹으면 배가 불러 하품만 나고 위가 움직이지 못해 소화불량에 걸리는 격이다. 애초에 수납공간이 적을 수도 있으나 아무리 공간이 많아도 물건이 많이 들어오면 수납공간은 적어질 수밖에 없다. 물건이 많으면 많을수록 정리가 어려워진다. 반면 물건이 적을수록 정리는 쉬워진다. 정리에 서툰 사람이라도 물건의 수가 적으면 어느 정도는 정리가 가능하다. 따라서 물건이 적을 때부터 수납과 정리를 실천해야 한다.

대사증후군이란 인슐린 저항성이 심하며 당뇨병과 심혈관질환의 위험성이 매우 높은 상태를 말한다. 따라서 인체에 복부비만, 고혈압, 당뇨병, 고지혈증, 심뇌혈관질환 등이 폭발적으로 증가하게 된다. 집도 마찬가지다. 무자비할 정도로 물건이 많아지면 집은 대사증후군에 걸릴 수밖에 없다. 집을 대사증후군에 걸리지 않게 하는 것이 곧 사람이 편안하게 살 수 있는 집을 만드는 것이다. 물건이 많으면 그 물건으로 편한 삶을 살 수 있을 것 같지만 결국 바로 그 물건 때문에 살아가기가 힘들어진다. 사람은 살아가며 많은 물건을 필요로 하지만 물건이 지나치게 많으면 그것에 눌려 살게 된다.

하나를 사면 하나를 버리는 것이 집의 대사증후군을 피하는 방법이다. 필요하다면 물건을 살 수밖에 없지만 사기만 하고 버리지 않는다면 사람의 혈관에 기름이 끼는 것처럼 집도 버겁게 된다. 하나를 들여오면 다른 하나를 버리자!

정리의
3단계
—

정리는 차곡차곡 쌓는 것이 아니다. 쌓는 것은 정리가 아니라 정리 방법 중 하나일 뿐이다. 때로 차곡차곡 쌓는 것이 정리를 더욱 어렵게 만들기도 한다. 막상 다시 정리하려면 차곡차곡 쌓은 물건들이 원망스럽다. 정리란 근본적으로 필요한 것과 필요하지 않은 것을 나누는 것이다. 필요한 것은 수납하고 불필요한 것은 버리면 된다.

지금부터 정리를 위한 3단계 과정을 살펴보자.

1단계 : 물건 분류하기

필요한 것과 필요하지 않은 것을 나누는 단계로 가장 기초적이고 기본적인 단계다. 좋아하는 것이 아니라 지금 사용하는 것을 중심으로 분류한다. 현재 필요한 것과 필요하지 않은 것을 분류하고 나누면 된다.

지금 사용하지 않는 것의 용도와 중복성, 미래의 사용 계획과 가능성을 따져 그 경중을 가려 정리한다. 사용할 가능성이 없는 것은 폐기 내지 처리하는 것이 정리의 핵심이다. 그에 따라 수납하는 위치를 정할 수 있으며, 중요도를 매겨 사용을 원활하게 한다.

2단계 : 수납하기

수납이란 보관하는 것이다. 이때 사용할 때를 생각하여 수납하는 것이 가장 중요하다. 사용 빈도에 따라 수납의 기준이 달라지는데, 늘 사용하는 것이 깊숙이 들어가 있다면 수납의 의미가 없다. 수납은 물건을 효율적으로 사용하기 위해 적절한 장소에 둬야 한다.

모든 수납의 기준은 사용 여부다. 사용 장소와 가까워야 하고 사용하기 편리한 장소에 사용하는 물건들을 함께 모아두어야 한다. 또한 역할의 중요성을 파악해야 한다. 동일한 역할이나 기능을 하는 것이라면 그중에 버릴 것과 사용할 것을 골라야 하고, 지나치게 많은 양을 쌓아놓는 것은 수납이 아니다. 사용할 장소와 가까운 곳에 위치를 정해 수납 시스템을 준비하고, 자주 사용하는 것을 위주로 사용하기 편하도록 수납한다.

순환이란 돌고 도는 것이다. 수납한 상태로 보관하던 물건들이 시기에 맞추어 사용되고, 사용된 후에도 정리된 상태를 그대로 유지하는 것이 순환이다. 물건들이 수납되어 있지 않고 모두 나와 있거나 여기저기 흩어져 있다면 문제가 발생한다.

수납은 단순히 정리나 보관의 문제가 아니라 관리의 문제며 효율적 사용을 위한 준비 과정이다. 흐트러져 있거나 여기저기 널려 있으면 관리가 되지 않는다. 물건이 돌아다니거나 노출되어 있으면 사라지거나 없어지고 분실된다. 망실되어 흩어지고 때로 버릴 수밖에 없는 폐품으로 변질된다. 아무리 조심한다고 해도 수납되어 있지 않은 물건은 언젠가 사라지고 다시 구입하거나 준비해야 한다.

순환을 위해서는 수납이 선행되어야 한다. 즉, 사용이 끝난 물건은 정해진 위치에 되돌려놓는다. 올바른 수납이야말로 순환을 위해 가장 필요한 과정이며, 필요할 때 신속하게 찾아 사용할 수 있도록 일정한 장소에 수납하는 것이 순환의 핵심이다.

순환이
쉬워지는
정리의 법칙

세워서 보관하라

청바지나 셔츠 같은 옷을 보관할 때마다 갈등한다. 걸어서 보관해야 할지 개켜서 보관해야 할지 헷갈린다. 수건의 경우에도 마찬가지다. 정답은 없다. 자신만의 원칙을 정해서 실천하면 된다. 다만 언제나 원칙대로만 실행할 수는 없다. 만약 개켜서 보관하기로 결정했다면 양이 많을 때는 어떻게 해야 할까? 무한정 높이 쌓아놓을 수도 없다. 이때는 또 포개어 보관하는 것이 좋을지 세워서 보관하는 것이 좋을지 고민하게 될 것이다.

물건이 많을 때는 포개어놓는 경우가 많다. 그런데 누구나 경험했겠지만 물건을 포개어놓는다면 아래쪽의 물건을 빼낼 때 어려움을 느끼게 된다. 많은 양의 물건을 쌓아놓으면 아래에 있는 물건을 뺄 때 무너져 다시 일거리를 만들게 되기 때문이다. 때로는 아래쪽에 수납된 물건을 잊고 새

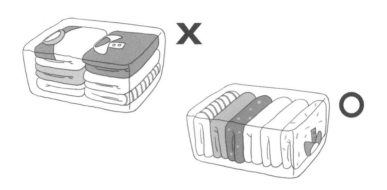

로 사는 경우도 발생한다. 물건을 포개어놓으면 위의 것만 보이기 때문에 아래쪽 물건은 용도성을 잃고 방치되기 쉽다. 물건을 세워서 보관하면 수납량이 늘 뿐 아니라 방치되는 물건 없이 잘 찾아서 사용할 수 있다.

자주 사용하는 물건을 앞에 놓는다

수납 시스템은 기본적으로 박스형이다. 수납가구가 아니라 장소의 경우에도 기본적으로는 박스형의 구조를 생각하고 수납한다. 따라서 앞이 있고 뒤가 있으며 안쪽이 있는 반면에 바깥쪽도 있다.

앞이란 바라보는 방향에서 가까운 쪽이고, 안쪽이란 눈에서 먼 깊숙한 곳이다. 따라서 눈과 가깝고 몸과 가까운 곳은 바깥쪽과 앞쪽이다. 앞쪽과 바깥쪽으로 자주 사용하고 꼭 필요한 물건을 정리한다. 많이 사용하는 물건은 빠르게 집어야 하고 공간에서 꺼내는 데 어려움이 없어야 하니 바깥쪽이 좋다. 자주 사용하는 물건이 손을 뻗으면 바로 닿는 위치에 있어야 일의 능률이 오르고 편리하다. 자주 사용하는 것, 급히 사용하는 것, 용도성이 다양한 것을 앞쪽에 수납하는 것이 일의 능률을 극대화시키는 방법이다.

안쪽은 당연히 잘 사용하지 않는 물건을 수납한다. 계절적으로 사용하지 않는 물건, 사용 시기가 지난 물건, 사용 빈도가 현저히 낮은 물건을 수납한다. 단, 잊어버리기 쉬우므로 표기를 하는 것이 좋다. 물론 같은 용도의 물건끼리 수납하는 것이 원칙이므로 표기를 하지 않아도 큰 문제는 없다.

같은 용도의 물건끼리 수납한다

수납이란 활용하기 위해 정리하는 과정이다. 순환의 과정이며 대기하는 과정이다. 수납이 저장의 수단이 되어서는 안 된다. 저장이 되는 순간 수납은 의미가 없어진다. 저장은 묵히는 것이고 방치하는 것이기 때문이다. 따라서 용도에 따라 같은 목적을 지닌 물건끼리 수납해야 순환성을 높이고 편리성을 제공할 수 있다.

같은 기능을 지닌 물건, 같이 사용하는 물건, 같은 목적을 지닌 물건끼리 수납한다. 드라이버 옆에는 못, 나사, 망치, 펜치, 렌치 등과 같은 공구를 같이 수납함으로써 용도성을 통일해준다. 문방구는 문방구끼리, 주방기구는 주방기구끼리, 전기재료는 전기재료끼리 모든 물건은 용도와 쓰임에 따라 분류하고 정리해야 한다. 문방구를 모으는 곳에 전기기구가 함께 정리되어 있다거나 주방기구에 문방구가 섞여 있다면 아무리 정리를 잘해도 효용성은 떨어지기 마련이다.

같은 아이템이라도 사용 빈도나 방법에 따라 나누어야 한다. 컵을 수납한다면 자주 사용하는 컵과 손님 접대용 컵의 수납이 달라져야 한다. 자주 사용하는 것은 가까운 곳에 수납하고 간혹 사용하거나 어쩌다 사용하는 것은 같은 재질, 같은 목적을 가진 물건이라도 따로 수납한다. 자주 사용하는 가족용 컵은 식탁이나 개수대 부근에 수납하지만 접객용 컵은 장식장이나 다른 식기함에 보관하는 형식이다. 혹은 선반을 달리하여 위아래로 보관한다.

동선을 줄여라

아무리 잘 정리했다 하더라도 사용처와 거리가 멀면 곧 사용이 뜸해진다. 컵이나 잔은 주방이나 식탁 주변에 있어야 편리하게 사용할 수 있다. 컵을 거실이나 안방에 수납한다면 사용을 기대하기 어려울 것이다.

문 열기, 물건 꺼내기, 문 닫기, 걸어가기, 기타 등등 모든 행위는 동작이다. 동작은 사람을 지치게 만들고 효율성을 떨어뜨린다. 운동을 위해 수납공간을 멀리 떨어뜨려놓는다는 것은 억지에 가깝다. 아무리 잘 꾸미고 정리해도 행동의 수가 많아지고 이동거리가 길어지면 방치하고 귀찮아지며 결국 늘어놓아 정리가 흐트러진다.

사용장소와 수납장, 수납장소까지 거리가 멀거나 이동구간이 넓다면 수납장소를 다시 설정해야 한다. 자주 사용하는 물건은 사용처에서 가까이 있어야 한다. 한두 걸음을 옮기는 것만으로 물건을 사용할 수 있다면 가장 좋은 배치라고 할 수 있다.

작은 박스나 지퍼백을 활용하라

크기가 크거나 적당한 물건은 일정한 수납 시스템에 의지하면 되지만, 문제는 아주 작은 물건이나 잃어버리기 쉬운 물건이다. 이러한 것들을 자질구레하다고 말하는데 사실은 꼭 필요한 물건이다. 이러한 물건을 방치하면 흩어지고 다시 사게 되며 중복구매가 되어 나중에는 같은 종류의 물건이 많아지게 된다.

손톱깎이, 이쑤시개, 손칼, 액세서리, 문방구 등은 아주 작지만 꼭 필요

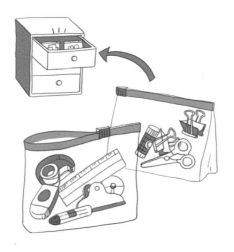

한 물건들이다. 이렇게 잃어버리거나 사라지기 쉬운 물건들은 빈 박스나 지퍼백을 적극 활용하는 것이 좋다. 작은 박스에 넣어 용도에 맞는 곳에 함께 수납하거나 파우치 형식에 넣어 수납하면 잃어버리거나 사라지지 않는다.

80%의 법칙을 이해하라

때로 수납한 물건을 빼내기 어려울 때가 있다. 다른 물건에 눌려 있거나 손을 넣어 물건을 빼낼 여유도 없어 물건을 마음대로 활용하기 어려운 경우인데, 이처럼 물건을 빼기가 어렵다면 수납의 이점을 잃은 것이나 다름없다. 물건을 빼기 힘들다고 생각하는 순간 이미 수납공간을 가득 채운 것이다. 수납공간이 가득 차면 물건의 순환이 어려워진다. 적당량이란 대략 공간의 80% 정도를 채운 상태다. 약간의 공간이나 공백이 있어야 물건을 사용할 때 편리하다.

만족스러운
정리란

—

정리에는 만족이란 없다. 그러나 만족도는 있다. 100% 만족이란 있을
수 없으므로 적당히 '만족도'라는 개념이 적용될 수 있는 것이다. 이때
'적당'이라는 말은 실천이나 적응이 매우 어려운 말인데 쉽게 표현하자면
아마도 '불편하지 않다' 정도가 될 것이다.

먼저 정리와 만족의 개념에 있어서 남을 의식하지 않아야 한다. 우리는
잡지나 방송에서 지나치게 잘 정돈된 세련된 수납시설을 갖춘 집을 보며
"나도 저렇게 해야지" 하고 생각한다. 하지만 보여주는 것과 현실은 다르
다. 아무리 잘 정돈된 수납이라도 나의 방식과는 다를 수 있다. 그런데 만
족도는 사람에 따라 다르지만 만족과 편리성은 병행되어야 한다. 보여주
기 위한 정리가 아니라 내가 편한 정리가 되어야 한다는 뜻이다.

수납이라는 강박관념에 사로잡혀 스트레스를 받는다면 이는 고통일 뿐
이다. 수납이 주가 아니라 생활이 주가 되어야 한다. 다른 사람이 보기에

불편해 보여도 사용자가 편하면 수납이 잘된 것이다. 그러나 일반적으로는 내가 불편하면 다른 사람도 불편하다. 스스로 생각하여 "사용하기 편해", "불편함이 없어" 정도면 수납이 잘됐다고 볼 수 있다.

정리에 있어서 만족도란 사람마다 다르다. 조금 어질러진 듯해 보여도 본인이 쓰기에 편리하며 물건을 바로 찾아서 쓸 수 있고 불편 없이 기분 좋게 산다면 이미 만족도는 따질 것이 아니다. 일반 가정집에서 방송에서 보는 집이나 호텔 또는 모델하우스처럼 수납할 수는 없는 일이다. 가정집과 호텔, 모델하우스는 근본적으로 수납해야 하는 물건의 양이 다르고 용도가 다르다. 따라서 보여주는 시스템을 모두 따라할 수는 없다. 간혹 방송이나 책만 보고 따라하다 지치거나 생각한 그림이 나오지 않아 짜증이 나는 경우가 있다. 이는 만족도와 적용이 다르기 때문이다.

정리에 있어 만족도는 사람마다 다르지만 목표로 해야 할 정리의 척도는 같은데 바로 편리성이다. 어느 날 문득 물건을 찾지 못해 이곳저곳을 뒤지고 있거나 물건을 둔 곳이 생각나지 않는다면 이제 정리를 해야 할 타이밍이다. 사람은 필요에 따라 움직인다. "요즈음 물건 찾는 것이 너무 힘들어"라고 느낀다면 이제 정리를 시작하자.

정리가
가져온
변화

사람은 누구나 장단점이 있기 마련이어서 모든 것을 잘하거나 모든 것을 못하는 사람은 없다. 정리와 수납도 마찬가지인데 때로 누군가에게는 다른 무엇보다 어렵고 힘든 일이 될 수도 있다. 게으름 때문에 수납이 어려운 사람도 있고, 체질적으로 수납에 익숙하지 않은 사람도 있다. 때로 귀찮다는 이유로 방치하거나 무신경하게 살아가다 문득 자신의 삶에 회의를 느끼기도 한다. 그러나 정리는 누구나 할 수 있고 개선할 수 있는 습관이다. 하지 않기 때문에 어려운 것뿐이다.

정리는 아주 간단한 일이고 생활 속의 습관이지만 한번 놓치면 힘겨워지고 버거워지며 짜증나는 일로 바뀔 수도 있다. 언제나 할 수 있어야 하고, 할 수 있는 준비가 되어 있어야 한다. 그러나 정리 자체가 일이 되어서는 곤란하므로 가볍게 실천할 수 있는 삶의 방식이 되어야 한다. 방을 정리하고 청소하면 마음이 편해지고 일이 잘 풀린다는 것을 경험에서 알 수 있듯이 말이다.

정리를 하고 수납을 잘하면 좋은 일이 일어난다. 물건을 정리하여 집을 깨끗하게 하자 병이 나았다는 사람, 집 청소를 잘하고 깔끔하게 유지하자 연애가 시작되었다는 사람, 집 안에 쌓아두었던 물건을 모두 처분하자 취직이 되었다는 사람 등 세상에는 정리와 수납 후에 좋은 일이 일어났다는 사람이 아주 많다.

정리정돈을 잘한다는 것은 집 안을 깨끗하게 한다는 사실 외에도 좋은 에너지를 불러들여 생활에 변화를 주는 일이다. 정리를 잘하면 다음과 같은 긍정적인 효과를 가져온다.

- 가사에 쓰는 시간이 줄어든다.
- 물건을 찾는 시간이 줄어든다.
- 절약이 된다.
- 쇼핑이 줄고 물건을 중복해 사지 않는다.
- 돈 관리가 능숙해진다.
- 꼬였던 일이 풀린다.
- 병이 호전되기도 한다.
- 연인, 부부 사이가 좋아진다.
- 짜증이 줄어든다.
- 마음이 산뜻해진다.
- 집이 환해지고 귀가가 행복해진다.
- 새로운 인생 설계를 할 수 있다.

- 자부심이 생긴다.

- 활력이 솟는다.

- 자신을 돌아보는 여유가 생긴다.

- 자신에게 무엇이 중요한지 알게 된다.

수납이
편해지는
소비의 법칙

잘 버리는
것이
시작이다

많은 사람들이 묻는다.

"요즘 버리기가 유행하고 있다면서요?"

사실은 그렇지 않다. 방송에 현혹되지 마라. 누구도 마음대로 버리지는 않는다. 사람은 모두 자신의 물건에 애착을 가지고 있다. 애착을 가지는 물건을 버리기란 쉬운 일이 아니다. 누구나 물건을 버리기보다 정리하고 차곡차곡 쌓아 다음 기회에 다시 사용되기를 바란다.

물건이 많으면 버리기 쉬울 것 같지만 사실은 그렇지도 않다. 사소한 물건에도 정이 있고 마음이 있다. 버리는 일은 크게 마음을 먹어야 가능하다. 따라서 버리기보다는 정리를 먼저 해야 한다. 물론 정리가 서툰 사람에게는 산더미처럼 쌓여 있는 물건을 정리하기란 쉬운 일이 아니다.

마음먹은 대로 하자면 무엇인가를 버려야 하는데 무엇을 버려야 하는지는 분명하지 않다. 버리는 일은 때로 구매하거나 장만하는 일보다 더욱 어렵다. "필요 없는 것은 모두 버려야지." 하지만 당신의 입장에서 과연 무엇이 필요 없는 것인지 파악할 수 있는가? 무엇이 버려야 할 물건인지 파악하기 어렵다. 버리려고 마음먹었지만 아까운 생각이 들어 다음에 버리는 것으로 결정하면 영영 버리기는 어려워진다.

무엇을 버릴지 결정하기 전에 구석구석 차지하고 있는 살림살이 중에서 정말 우리가 자주 사용하는 것들이 몇 %나 되는지 파악하는 것이 먼저다. 결론은 간단하다. 필요 없는 것을 버리는 것이 아니라 한걸음 더 나아가서 필요한 것만 남겨놓고 버리는 것이다. 그렇게 된다면 불필요한 것들은 하나도 없고 필요한 것들로 가득 채워지게 될 것이다. 지금 널려 있는 물건 중에서 1년에 사용하는 빈도를 살펴보고 정말로 필요한 것을 골라낸 후 나머지는 버려도 좋다.

버릴 때는 눈을 질끈 감고 과감히 실행해야 한다. 그런데 자꾸만 망설이게 되는 이유는 버리고 난 후에 혹시 필요할까봐 두렵기 때문이다. 혹은 비싸게 주고 산 것이거나 가족의 반대로 버리기 어렵기 때문이다. 혼자 사는 집이라면 혼자 결정하고 혼자 버리면 되지만 가족이 같이 사는 집이라면 이야기가 달라진다. 가족 중에 버리지 못하는 성격을 가진 사람이 있거나 컬렉션을 좋아하는 사람이 있다면 버리기는 더욱 쉽지 않다.

버릴 때도 기준이 있다. 같은 종류의 물건이 있다면 오래된 것을 버려라. 자연의 모든 물체에는 기가 있다. 새로운 물건이 더욱 강한 생명의 에너지를 가지고 있다. 오래된 물건일수록 음의 기운이 강하므로 무엇을 버릴 것인지 선택하는 데 기준으로 삼는다.

컬렉션을 하는 경우에는 다른 기준이 적용될 수 있다. 이때는 창고를 이용해 컬렉션을 하는 물건들과 완벽하게 구별한다. 집 안 곳곳에 컬렉션을 하는 것은 기본적으로 잘못된 방법이다. 오래된 물건은 음기가 피어올라 살기로 나타나니 컬렉션은 집 안에 하는 것이 아니라 다른 장소에 하는 것이 기본이다.

오래도록 사용하지 않고 쌓아둔 물건은 이미 살기로 변해 있다. 음기의 보관이 길어지면 살기가 된다. 오래도록 사용하지 않은 물건은 이미 필요하지 않다는 의미다. 그런 물건은 이미 생명을 잃었다. 생명이 없는 물건은 살기를 지닌 물건이기에 버려야 한다. 이러한 물건이 계속 쌓이면 나의 운이 엉키고 나락으로 떨어진다.

버리기를 마치면 물건을 사는 것도 전략이 된다. 처음부터 필요한 것만 사서 살림을 시작하면 좋겠지만 살아가며 물건은 계속 늘어나기 마련이다. 결국 버리기, 수납, 정리가 필요할 수밖에 없다.

미니멀라이프, 미니멀리즘이란

언제부터인가 우리의 일상에 '미니멀라이프', '미니멀리즘'이라는 단어가 자주 쓰이게 되었지만 그 본질은 알기 어렵다. 미니멀리즘은 가장 단순하고 간결함을 추구하여 단순성, 반복성, 물성 등을 특성으로 절제된 형태 미학과 본질을 추구하는 콘셉트다.

버려야 하는
물건의
기준

'버린다'는 것은 불필요한 것을 없애는 것이다. 버릴 것을 올바로 파악하는 것이 바로 정리의 시작이다. 지금부터 각각 물건의 버리는 기준에 대해 살펴보자.

옷

옷을 버리는 일은 누구에게나 어렵다. 더구나 비싼 옷이라면 더욱 그렇다. 양복은 오래도록 입는 옷이기에 수납의 대상이 된다. 그러나 캐주얼은 3년 정도 시간이 지나면 충분히 입었다고 생각해야 한다. 시간이 지나면 디자인도 변한다. 특히 캐주얼과 같은 옷들은 수시로 유행을 탄다. 혹자는 유행은 돌고 도는 것이니 오랜 시간 가지고 있으면 유행이 되돌아와 어울리는 옷이 된다고 말한다. 그러나 그 기간은 보관하기에는 너무 길다.

속옷

절약이 미덕인 시절이 있었다. 그러나 속옷을 절약한다는 것은 미덕과는 거리가 멀다. 우리는 원시인이 아니다. 이제는 옷이 떨어지도록 입는 경우도 드물어졌다. 풍수적인 관점에서는 색이 바래면 기가 떨어진 것으로 본다. 색이 바래면 생기가 아니라 음기가 피어오른다. 따라서 색이 선명한 속옷을 입어야 한다.

브레지어의 수명은 1년여 정도인데 레이스가 늘어지고 풀어지면 버린다. 팬티는 고무줄이 늘어지거나 색이 바래면 버려야 한다.

양말

양말은 가장 혹사를 당하는 의류에 속한다. 더구나 빨리 망가지고 헤지는 의류기도 하다. 구멍이 나거나 색이 바래면 버린다. 뒤꿈치가 터지거나 얇아져 흐물거려도 버리는 것이 좋다. 올이 나가고도 찢어지지 않으면 괜찮겠지만 올이 나가고 찢어졌다면 버려야 한다.

과거에는 양말이 터지거나 찢어지면 궤매어 신는 경우가 적지 않았다. 그러나 요즘에는 양말을 꿰매어 신는 사람은 거의 없다.

수건

수건은 얼굴을 닦는 것이다. 처음 구매할 때 부드러운 실로 짜인 것을 구매하는 것이 좋지만 사용 중이라도 뻣뻣해지거나 색이 바래면 버린다. 뻣뻣해지지는 않았지만 색이 바래고 실오라기가 터진 것은 걸레로 임무를 변경시킨다.

화장품

화장품은 계절에 따라 사용빈도와 색상 등이 달라지므로 다음에 다시 사용하려면 반년 이상이 지나야 한다. 철을 넘기고 계절을 건너 사용하는 것은 금물이다. 따라서 계절용 아이템은 한 시즌만 사용하고 남는 것은 폐기한다.

화장품의 사용기한은 그다지 길지 않다. 고급 화장품이거나 아깝다는 이유로 아끼거나 철을 거르고 해를 넘겨 사용하면 좋지 않다. 화장품이나 헤어케어 제품, 기타 여러 가지의 화장용품은 개봉한 이후부터 질이 떨어지고 망가진다. 화장을 하는 것은 피부를 보호하고 아름다워지기 위한 것임을 기억하자. 지나치게 오래 사용하거나 철이 지난 화장품은 때로 피부에 손상을 주고 아름다움과는 거리가 먼 결과를 가져온다.

신발

신발은 그 사람의 걸음걸이뿐 아니라 품위를 보여준다. 대부분의 사람은 구두가 망가지기 전에 뒷굽부터 닳는다. 뒷굽이 닳았으면 그대로 신을 것이 아니라 굽을 고쳐 신어야 한다. 풍수에서는 신발 상태로 건강을 체크하는데 구두의 뒷굽 바깥이 닳았다면 신장이 나쁘다고 한다. 뒷굽을 바꾸거나 고칠 때는 건강 상태도 함께 체크하자.

신발의 옆이 터지거나 색이 바래고 지나치게 헤진 것은 과감하게 버린다. 신발은 활동력을 나타내므로 튼튼하고 질기며 온전해야 한다.

식기

 식기는 오래도록 사용하는 물건이다. 가족용과 접대용 식기는 구분하여 수납한다. 손님용이나 파티용, 전시용은 깊숙이 혹은 안쪽으로 수납하고, 늘 사용하는 식기는 앞쪽으로 가까이 수납한다. 이가 빠지거나 색소 침착 혹은 색이 변했다면 깨지지 않았다 해도 깔끔하게 처분하는 것이 좋다. 혼례 답례품이나 선물로 들어온 식기 중에 상자에 넣은 그 상태로 1년 이상 사용하지 않았다면 앞으로도 사용할 가능성은 거의 없다.

조리도구

 식기와 마찬가지로 조리도구도 오래 사용하는 물건으로 인식하는 경우가 많다. 그러나 조리도구에도 사용 연한이 있다. 이가 나가거나 금이 간 것, 깨진 것은 무조건 버리는 것이 집안의 기를 보호하는 방법이다. 중국에서는 이가 나가 일부가 손상된 도구나 그릇을 사용하는 경우가 있는데 우리의 경우는 다르다. 우리의 풍수지리에서는 깨진 그릇은 나쁜 기를 불러오는 것으로 파악한다.

 테플론이 벗겨진 프라이팬은 무쇠가 아닌 이상 신속하게 버린다. 끝이

탄 요리용 대나무 젓가락, 얼룩이 지거나 눌어버린 용기, 뚜껑이 잘 덮이지 않는 밀폐용기, 얼룩진 도마, 착색된 플라스틱 용기, 껍질이 벗겨진 양은 그릇, 색이 변한 플라스틱 물병 등은 버리는 것이 좋다. 특히 플라스틱 용기는 다방면에서 가능한 사용하지 않는 것이 좋다. 망가지거나 색이 바래고 냄새가 나는 조리기구를 사용하면 조리가 불편하기도 하지만 위생적으로도 나쁘고 집안의 건강한 기가 망가져 질병이 온다.

책과 잡지

취미로 모으는 책인지, 실생활에 적용하기 위해 보고 있는 책인지, 인문과 학술서적인지를 잘 파악해야 한다. 여기서 언급하는 책은 학자적 개념으로 모으거나 보관하는 책과는 다른 개념이다. 소설류, 학술서적류는 오래 보관하는 것이 일반적이므로 책꽂이에 꽂아 보관한다. 정보용으로 사놓은 책이나 잡지는 오래 보관하지 않는다. 특히 정보용 잡지는 1년 이내에 정보가 업그레이드되거나 바뀌므로 가치가 없어진다.

문구

문구는 늘 사용하는 물건이므로 책상이나 테이블 근처에 배치해 두어야 한다. 펜, 가위, 자, 지우개, 매직 등 아이템별로 두 개 정도를 배치한다. 장식용을 제외하고는 모두 소모품으로 인정하는 것이 좋다. 때로 다스(12개) 개념으로 사다놓고 사용하는 경우가 있는데 가정에서 그렇게 많이 사용하는 경우는 드물다.

자주 사용하는 것은 대개 정해져 있으므로 같은 용도의 문구를 많이 구비할 필요는 없다. 두 개 배치하고 하나가 망가지거나 잉크가 떨어지면 정리하고 보충하는 것이 좋다. 지나치게 많으면 지저분해질 뿐이다.

서류

정리와 수납은 사무실에서도 중요하다. 풍수적으로 많은 물건이 돌출되어 있거나 어지러이 널려 있으면 기의 순환이 어지럽고 불규칙하며 올바르지 않다고 파악한다. 사무실 책상 위에 여러 서류가 불규칙하게 놓여 있거나 파일이 널려 있다면 기가 나빠진 것으로 본다. 사무실 정리는 직장운으로 이어진다. 책상이 어지러운 사람은 좋은 기회를 놓치기 쉬우므로 진급에서 누락되는 경우가 많고 사업에서도 기회를 놓치기 쉽다.

서류는 반드시 세워서 수납하고 필요시 번호를 메기거나 순서를 정해 둔다. 서류를 쌓아두면 밑에 깔린 일에서부터 무너지고 풀리지 않으며 꼬인다. 모든 비즈니스는 정리정돈이 이루어진 책상에서 시작된다. 서재나 아이의 방도 마찬가지다.

사용하던 물건이 애착이 가면 버리기 힘들어진다. 주변에 널려 있지만 다시 사용하거나 필요해질 것 같아 버리기 힘들다. 오래도록 컬렉션을 했던 물건도 마찬가지다. 그러나 버리지 않으면 공간을 차지하고 수납공간을 잠식하게 된다.

도저히 버릴 수 없을 것 같은 물건이라도 버려야 할 때가 있다. 운이 나쁜 사람이 주는 선물은 아무리 비싸고 가치가 있어도 처분하는 것이 좋다. 선물한 사람이 누군지 모르면 상관이 없다. 선물한 사람이 운이 나쁘거나 나에게 해를 입히는 사람이라면 오전 중에 버리는 것이 좋다.

사진

과거와 달리 사진도 화면으로 보는 시대로 바뀌었지만 추억의 사진은 여전히 남아 있다. 사람은 추억을 먹고 산다고 하지만 잡다한 사진은 보지도 않고 사용되지도 않는다. 사진은 단지 컬렉션이 되었을 뿐이다.

디지털 사진을 찍거나 고를 때처럼 오래된 사진 중에 잘못된 것은 과감히 폐기한다. 사진은 쌓이면 방치되고 고르기 힘들어지므로 찍은 다음 바로 그 자리에서 폐기와 보존을 결정한다. 오래된 사진은 디지털로 전환하여 컴퓨터에 보관하는 것이 좋다. 요즘은 과거와 달리 디지털로 사진을 찍으므로 엄선하여 보관하고, 사진을 출력하는 경우에는 베스트 샷 몇 장만 출력한다.

사진은 순간의 기를 기억하는 물건이다. 사진을 보관하는 경우 풍수적으로는 인연이 아직 이어지고 있음을 의미한다. 인연을 정리하고 마무리하기 위해서는 버리는 지혜가 필요하다. 하나의 인연이 정리되어야 다른 인연이 이어진다. 단, 인연이 있던 사람과 다른 여러 사람이 함께 찍은 사진은 무방하다. 단둘이 찍은 사진이나 지난 연인의 사진은 새로운 연인이 다가오는 것을 방해한다. 이미 끝난 인연에는 연연하지 말고 정리하는 것이 좋으며 그 시작은 바로 사진 소각이다.

사진을 버릴 때는 맑은 날에 하얀 천으로 싸서 양기가 강한 오전 중에 버리는 것이 좋다. 날씨가 좋은 날에 버려야 불의 기가 강해 인연을 정화시켜주는 힘이 있다. 절에 가서 태워버리는 것도 좋은데 가능한 오전에 마무리하는 것이 좋다. 깊은 추억이 깃든 사진이나 오랜 인연이 깃든 사진은 자기의 집이나 주거지보다 높은 곳에 버린다. 사진이 한 장이면 반으로 접어 태우거나 버리고, 두 장 이상이면 사진의 앞면끼리 겹쳐서 버리거나 소각한다.

쇼핑백

집 안 어디나 널려 있는 것이 쇼핑백이다. 브랜드나 트랜드 때문에 쇼핑백을 모으거나 들고 다니는 사람도 있다. 튼튼하고 마음에 드는 브랜드의 쇼핑백을 일정 수량 보관하고 나머지는 버린다. 용도별로 크기에 따라 다섯 장 정도면 충분하다. 하나를 추가하거나 사오면 다른 하나는 버리거나 소비하는 방식으로 숫자를 제한한다.

인형

인형은 어릴 적의 꿈이다. 그러나 나이를 먹으면서 인형과는 작별하는 것이 일반적이다. 특히 큰 인형은 수납공간에 대한 부담도 크다. 정말 마음에 드는 한두 개의 인형 외에는 장식하지 않는다.

인형 장식은 풍수적인 관점에서 기의 흐름을 방해하는 요인이 되기도 한다. 특히 현관에 인형을 두는 것은 피한다. 다만 인형 형태를 지닌 메모 판 등은 기를 흡수하는 것이 아니므로 괜찮다. 인형을 장식할 때는 높은 곳에 배치하는 것이 바람직하지만 그때도 명예의 기를 빼앗기는 것은 피할 수 없다.

처분할 때는 재활용수거함을 이용하여 다른 용도나 다름 사람에게 도움이 되도록 한다. 봉제 인형은 유치원이나 아동들이 많이 머무는 시설 등에 기증하여 새로운 용도로 활용되도록 하는 것도 좋다. 인형을 버릴 경우에는 얼굴 부분이 더러워지지 않게 버린다. 지저분하게 버리면 얼굴의 소유자에게 해가 간다.

선물

받을 때는 기분 좋은 것이 선물이지만 시간이 지나면 전혀 쓸모가 없어지는 경우도 있다. 적당한 상자 하나를 준비해서 추억상자를 만들고 들어갈 만큼만 수납한다. 공간이 한정되어 있으므로 우선순위로 선택하고 나머지는 버린다.

선물 중에는 보석도 있다. 액세서리나 보석은 근본적으로 금(金)의 기운이다. 금은 금전, 재물, 풍요, 즐거움, 행복, 여유를 상징한다. 사용하지 않는 액세서리나 보석을 집에 두면 풍요로움을 누리기 어렵거나 즐거운 일이 생기지 않는다. 이미 집 안에 풍요로움이 가득 차서 더이상 들어갈 자리가 없기 때문이다. 보석은 '버린다'는 것이 아니라 새로운 풍요로움을 '불러들인다'는 생각으로 대해야 한다. 보석이나 액세서리를 처분하는 것은 새로운 풍요와 재물이 들어오라는 의미가 된다.

보석을 버릴 때는 강이나 바다처럼 물이 있는 곳에 버린다. 시간은 토(土)의 기운이 충만한 오후 1시 이후에서 5시 정도가 좋다. 특히 마음을 달래고자 하여 여행을 하는 중에 바다나 호수를 만나 버리면 좋은 선택이다. 인연을 끊고 싶은 사람에게 받은 보석이라면 바다에 버려야 더욱 확실하다.

물건은 물건 자체의 가치가 있지만 주는 사람과 상황에 대한 인식이 기를 생성시키거나 오염시킨다. 선물을 준 커플이 이혼했다면 어딘지 모르게 꺼림칙하다. 마음을 무겁게 하기보다 처분하는 것이 무난하다.

편지

과거와 같이 편지나 우편을 이용하는 시대는 지났지만 연말의 연하장이나 다급한 부고와 같은 경우에는 아직도 우편제도를 이용한다. 편지는 답장하거나 행사에 참가하면 임무를 다했다고 본다. 우편물 중에 추억으로 남길 것만을 추려서 추억상자에 보관한다.

풍수적으로 종이는 목(木)의 기운이다. 근본적으로 목은 생명력을 의미한다. 오래된 종이를 가지고 있으면 나무가 가지는 속성인 젊음, 직장, 성장에 영향을 미친다. 지나치게 오래된 편지나 나쁜 기억, 나쁜 내용의 편지는 버리는 것이 최상이다.

좋지 않은 내용의 편지는 하얀 종이로 싸서 오전 중에 버리는 것이 좋다. 반대로 좋은 내용이 담겼거나 중요한 편지는 수납한다. 특히 종이를 수납하는 수납상자는 통기성이 좋은 제품으로 한다. 연하장은 연초에 보내는 것으로 오래도록 보관하면 그 해의 운을 흡수해 버리므로 춘분이 지나기 전에 처리하는 것이 좋다.

물려받은 옷

옷이 귀한 시대는 지났다. 마음에 드는 옷, 유행을 타지 않는 옷을 중심으로 물려받지만 지나치게 욕심을 낼 필요는 없다. 사이즈가 큰 옷을 욕심내도 막상 수납해두었다가 다시 꺼내 입는 경우는 극히 드물다.

통장

어려운 시절을 기억할 목적으로 혹은 추억으로 지난 통장을 다수 보관하는 사람도 있다. 특별한 것처럼 보이지만 한번 사용했던 통장은 이미 그 가치가 끝난 것이다. 필요시에는 은행에 요구하면 일정 기간의 자료를 다시 받을 수 있다. 기간이 지난 것은 버린다.

영수증

영수증, 급여명세 등은 1년이 지나면 쓸모없는 자료가 된다. 세금환급이나 기타 용도로 보관하는 것은 1년이면 족하다. 일정 기간이 지나 사용이 끝나면 버린다. 그러나 국가기관에 낸 세금 영수증 등은 반드시 일정 기간 동안 보관해야 한다. 국세나 지방세 납부는 가능하면 은행을 통해 하고 통장에 기록을 남겨두면 영수증을 버려도 증명이 가능하다.

영수증은 종이로 만들어진다. 소소한 영수증을 주머니에 넣고 다니면 돈이 새어나간다. 종이로 만들어진 영수증을 버릴 때는 일부를 찢은 다음 버리는데, 종이 재질의 물건을 버릴 때는 한 귀퉁이를 찢는 것이 좋다. 간혹 버리기 어려운 영수증이나 종이 재질의 물건인 경우에는 햇빛을 쬔 다음에 향과 같은 것을 배이도록 하여 보관한다.

DVD

어떤 물건을 구매해도 항상 포장이 문제다. DVD의 경우에도 포장을 버리는 것만으로도 공간을 줄일 수 있다. 사용기기 부근에 수납하는 것이 원칙이고, 1년 이상 사용하지 않으면 깊이 수납하거나 버린다. 소량인 경우에는 사용기기 옆에 박스를 비치하여 수납할 수 있다.

샘플

길거리나 화장품 가게에서 샘플을 구하거나 제공받을 수 있다. 샘플은 화장품만이 아니라 문구나 일용품의 경우에도 있다. 샘플은 그 양이 적거나 규모가 작다. 사용할 생각이 없다면 받지 말고, 사용할 목적으로 가져왔다면 신속하게 사용하여 수납하지 않는 것이 좋다.

컬렉션

모으는 취미를 가진 사람도 있다. 컬렉션을 하다 보면 시간이 지나면서 음기가 많아지는 물건이 늘어난다. 기본적으로 컬렉션을 위한 공간이나 창고가 따로 필요하다.

침구

침구를 바꾸기란 쉽지 않다. 기본적으로 헤지거나 때가 지나치게 묻어 세탁을 해도 깨끗해지지 않을 때 버린다. 새로운 물건이 들어오면 반드시 하나를 버리는 것이 수납의 기본이다.

식물

식물의 경우 배치를 수납의 개념에서 파악해보자. 식물의 배치는 선택이 먼저다. 칼같이 날카로운 잎을 지닌 식물, 뿌리가 드러난 식물, 비비꼬인 식물, 축축 늘어지는 식물, 침이 많이 달린 식물, 지나치게 굵은 식물, 사람의 키보다 높은 키를 지닌 식물은 집에 들이지 않는다.

도자기

흠이 생기거나 착색이 되었거나 오랫동안 사용하지 않은 도자기는 버려야 할 대상이다. 깨지는 물건은 반드시 조금씩 깨서 버려야 한다.

유품

기념품이나 유품은 고인을 기리는 물건이다. 죽은 사람의 물건은 음기를 지닌 물건에 속한다. 추억은 간직하는 것이 좋겠지만 음의 물건을 소지하는 것은 그다지 바람직하지 않다. 고인의 유품 중 정말로 중요한 것이나 추억으로 간직하고픈 것을 제외하고는 모두 정리하는 것이 좋다. 만약 정말로 유품을 버리지 않고 사용하거나 아끼고 싶다면 햇빛이 좋은 날 반나절 정도 쪼인 다음 사용한다. 귀금속이나 옷도 마찬가지다. 보통 오후보다는 오전에 빛을 쪼이는 것이 좋다.

장례가 끝나면 사진이 고민이다. 장례식에 사용했던 사진을 간직하고 싶다면 액자를 바꾼다. 액자를 바꿈으로써 기를 바꾸는 것이다. 나무 액자의 틀을 사용하면 장례식의 음기를 제거하는 데 도움이 된다. 장례식에서 받은 선물도 있다. 예를 들면, 수건 같은 것을 받아올 수 있다. 이 수건에도 음기가 있다고 본다. 천에서 실을 한 가닥 뽑아 태워버리고 사용하는 것도 좋은 방법이다.

부적

집 안에 부적을 걸거나 품에 지니고 다니는 경우도 있다. 부적이 의약과 같이 심리적으로 안정시켜주는 기능이 있다는 것은 이미 어느 정도 알려진 이야기다.

풍수적으로 부적의 효능은 1년이다. 부적은 사용기간이 끝나면 받은 곳에 돌려보내거나 불로 소각하여야 한다. 부적을 받은 곳에 돌려주는 방식은 일본식이고, 태워버리는 것은 우리 방식이다.

효율적인
구매를 위한
전략

경기를 살리는 방법 중의 하나가 소비다. 소비는 결국 지출을 의미한다. 적당한 지출은 생활을 윤택하게 하고 활력 있게 하며, 소비를 촉진시켜 경기 활성화를 불러온다.

거창한 계획이나 목적이 아니라 해도 소비는 생활의 일부다. 그러나 중복된 소비를 하고 버리는 일이 반복되거나 구입한 물건을 창고나 수납시설에 쌓아둔다면 효율적이지 못하다. 효율적인 구매와 소비를 위해서는 전략과 노하우가 필요하다.

옷

누구에게나 옷은 필요하다. 그러나 무엇을 살지는 고민스럽다. 많이 입는 옷도 있지만 구매해서 단 한 번도 입지 않는 옷도 있다. 구매의 우선순위를 정해야 한다. 항상 입을 수 있는 옷인지, 무엇을 하고 누구를 만날 때 입을 수 있는 옷인지 파악하고, 자신에게 어울리는지도 생각해봐야 한다. 구체적으로 생각해보고 구입해야 버리지 않는다.

일용품

마트에 가거나 매장에 가면 때때로 특판이나 할인행사를 한다. 할인을 한다고 해서 지나치게 물건을 사들이면 집 안의 공간만 차지하게 된다. 할인행사에서 물건을 살 기회는 언제나 있다. 휴지가 세 롤 정도 남아 있다면 이제 할인행사에서 싸게 물건을 사도 좋다.

아동복

아이는 빨리 큰다. 저렴하고 편하게 입을 수 있는 옷을 사는 것이 지혜다. 아이에게 좋은 옷, 비싼 옷, 귀한 옷을 입히고 싶은 것이 부모의 마음이지만 그런 옷만 사들인다면 막상 편하게 입고 나갈 옷이 없어 다시 사들이게 되고 곧 아이 방은 창고로 변하고 만다.

예쁘다 혹은 귀엽다는 이유로 사는 것이 아니라 아이가 편하게 입을 수 있는 옷 중심으로 구매한다. 아이의 옷은 사이즈 중심으로 구매하는 것이 중요하다. 고급스럽거나 비싸 보인다는 이유로 구매하면 수납공간만 차지하게 된다.

장난감

일반적으로 아이들은 눈에 보이는 것은 무조건 사달라고 한다. 방송에 나오거나 애니메이션에 나오는 캐릭터만 보면 사고 싶은 것이 아이의 마음이다. 하지만 아이가 조를 때마다 살 수는 없는 일이고, 그렇게 사줘서도 안 된다. 아이가 조른다고 사주는 게 아니라 일정한 날을 정해 사주는 것이 절약정신을 심어줄 수 있고, 아이에게 장난감을 아끼게 하는 계기가 된다.

식기

결혼을 하고 일정 시간이 지나면 더이상 식기가 부족한 일은 없다. 특별한 날에 식기가 선물로 들어오기도 하고, 특별한 손님을 위해 식기에 투자하는 경우도 있기 때문이다. 하지만 식기가 파손되거나 쓰지 못하게 되어 정리가 필요한 경우 외에는 사지 않는 것을 기본 방침으로 한다. 아름답다거나 가지고 싶다는 이유로 자꾸 사들이면 결국 수납공간에 문제가 생기게 된다.

책

책은 마음의 양식이지만 공간을 차분하게 잠식하는 대표적인 물건이다. 책은 그 규모가 크지 않지만 쌓이는 특성이 있고 버려지지 않는 것이기에 점진적으로 수납공간을 차지하게 된다. 따라서 장기적 보관을 생각해야 한다.

책을 살 때는 보관장소와 면적, 공간을 생각해야 한다. 학자라면 귀한 책을 사들여 컬렉션을 하는 경우도 있으며 학술적 목적으로 책이 필요하기도 하다. 한 번 보고 컬렉션을 해야 하는 책의 경우에는 수납공간을 생각하고 구매한다. 취미에 관한 책도 마찬가지로 수납공간을 고려해야 한다. 잡지는 6개월 이상 보관하는 것은 큰 의미가 없다. 단, 자신의 취미에 관한 잡지라면 수납의 의미가 있다. 그러나 그 외의 잡지는 곧 버리거나 책상 주위의 책꽂이에 한정한다.

조미료

매장에서 파는 물건 중에는 대포장과 소포장이 있다. 또는 업소용과 가정용으로 나뉘기도 한다. 가정용으로 구입할 때는 대포장이나 업소용은 사지 않는다. 대용량을 구매하면 오래 사용하고 절약될 것 같지만 모든 조미료에는 유통기간이 있다. 식구가 많은 가정이라 해도 대용량 포장이나 업소용을 기간 내에 완벽히 사용할 가능성은 매우 적다. 결국 다 사용하지 못하고 폐기하는 일이 일어나니 절약이 아니라 낭비가 될 수 있다. 또한 대포장을 사서 오래 두면 변질되거나 건강에 나쁜 영향을 미칠 수 있으므로 적은 용량을 사는 것이 여러 모로 좋다.

화장품

같거나 비슷한 제품을 반복하여 충동구매하지 않는 것이 우선이다. 비슷한 색이지만 미세한 차이가 있다며 다양한 색을 강조하지만 사용하지 않고 버리는 경우가 많다. 간혹 자신이 사용하지 않던 새로운 제품을 구매할 때가 있다. 마음이 끌려 구매하는 경우라면 자신에게 어울리는 색이나 물건인지 반드시 현장에서 테스트하거나 확인하고 구매한다.

액세서리

액세서리는 두 가지로 구분하여 구매한다. 고가이거나 중요한 자리에서 사용할 수 있는 것과 아무 때나 편하게 사용할 수 있는 것으로 구분한다. 일반적인 액세서리 구매는 가격이 비싸지 않으며 어느 곳에서나 사용할 수 있는 것을 의미한다. 저렴한 가격의 액세서리를 보면 부담 없으므로 수시로 구매욕이 일어난다. 이때는 비슷한 액세서리가 이미 있는지 파악하고 구입한다. 이미 지니고 있는 물건이 버릴 때가 되었다면 구매해도 좋다.

DVD

기술의 진보로 컴퓨터 주변기기와 저장장치도 발전하고 있다. 저장하지 않아도 얼마든지 다운받아 사용할 수 있다. 가장 효율적인 것은 자료를 다운받아 사용하는 것이다. 물건을 만들거나 들여놓으면 공간이 줄고 수납공간이 필요하게 되기 때문이다. 공간을 줄이고 데이터를 보관하기 위해서라면 공간을 많이 차지하지 않는 외장하드를 사용하는 것이 좋다.

DVD나 CD를 구매하고자 한다면 수차례 생각해보고 구매를 결정한다. 구매 기준은 또다시 듣고 보고 싶은 것으로 한정하는데 작은 물건이지만 수납공간을 생각해야 한다. 수납공간이 없다면 컴퓨터 내의 저장공간을 확충한다.

취미 용품

취미에는 다양한 것들이 있다. 또한 취미에도 기간이 있다. 영원히 가는 취미는 직업이 되기도 하고 때로는 컬렉션을 유발하기도 한다. 그러나 일시적으로 마음이 끌린 것이라면 곧 시들해지고 말기도 한다.

취미에 필요한 도구나 재료를 구매할 때는 더욱 많은 고민을 해야 한다. 취미에 사용되는 물건 중에는 고가의 물건도 많기 때문이다. 따라서 취미가 3년 이상 지속되고 반복적으로 욕구가 피어오를 때 필요한 물건을 구매한다. 만약 취미가 시들해지면 구매하거나 사용했던 물건이 모두 짐이 되어버린다. 취미에서 손을 떼고 흥미가 시들해진 후 6개월이 지나면 이제 취미에 사용했던 물건을 버릴 때가 되었다고 생각해도 좋다.

PART
4

공간별
풍수 수납법

풍수에
좋은 집을
찾아라

풍수지리에 따른 수납법을 위해서는 정리와 수납 이전에 먼저 좋은 집을 찾아야 한다. 집값에 따라 좋은 집, 나쁜 집이 결정되는 게 아니다. 좋은 집은 천기와 지기가 적당하게 조화를 이루는 집이고, 살기에 노출되지 않거나 최소화된 집이다.

아무리 정리를 잘하고 수납을 잘해도 근본적으로 터가 나쁘거나 가상이 나쁘면 의미가 없다. 정리나 수납을 잘 못한다고 죽지는 않는다. 그러나 나쁜 터에 자리하거나 가상이 나쁘면 극단적인 경우 죽을 수도 있다. 무엇이 우선인지를 알아야 한다. 배산임수(背山臨水)와 전저후고(前低後高), 전착후관(前窄後寬)의 법칙이 이루어진 집에서 정리와 수납이 이루어져야 실효성이 있다. 이러한 기본 법칙이 무시된 집에서는 아무리 노력해도 좋은 결과를 기대하기 어렵다.

가장 근본은 역시 좋은 집이다. 예부터 좋은 집은 햇빛이 잘 드는 온화한 곳에 자리하고 통풍도 잘되는 집이라고 했다. 양택(陽宅)이라는 말은 햇빛이 잘 드는 집이라는 의미다. 흔히 말하기를 대다수의 사람들이 아파트에 살고 있는 실정이니 처한 상황에서 최선의 방법으로 좋은 집을 만들어가자고 한다. 틀린 말은 아니지만 근본이 어긋나면 아무리 노력해도 이루어지지 않는 것이 있다. 햇빛이 전혀 들지 않는 아파트라면 이런 경우 양택의 기운이라고 볼 수 없다. 빛이 들어오는 집이었는데 나무가 자라 햇빛을 차단한다면 불운의 시작이고 건강이 나빠지는 시작이다. 이 경우 정리정돈을 잘해도 의미가 반감되거나 실효성이 없다.

환기는 필수다. 가족이 건강해지고 운이 좋은 집을 만들기 위해서는 기의 흐름이 원활해야 한다. 즉, 나쁜 기운을 외부로 내보내고 좋은 기운을 받아들여야 한다는 뜻이다. 기의 출입이 원활해야 하는 것이다. 기의 출입은 문과 창에서 시작된다. 그러나 문과 창이 지나치게 많고 늘 열려 있다면 기가 새어나간다.

창이 늘 닫혀 있어도 문제가 발생한다. 겨울철에 문을 꼭꼭 닫아둔다거나 주상복합처럼 창문이 열리지 않는 형태의 건물에서는 인공 환기에 의존할 수밖에 없다. 아무리 인공 개폐를 하고 인공 바람을 만들어도 자연 바람과는 다르다. 바람이 통하지 않는 집은 병을 불러들인다. 통풍이 안 되면 결국 집 안에 쌓인 나쁜 기운을 흡수하게 되고 질병을 얻을 가능성도 커진다. 반대로 지나치게 강한 바람을 받거나 골바람을 받아도 병이 생긴다. 창이 지나치게 많은 집은 비밀이 노출되기도 쉽다.

공간을 활용한다는 이유로 베란다를 확장하는 것은 좋지 않다. 베란다를 확장할 경우 열과 추위에 노출되고 연료비의 소모가 커진다. 아울러

면적의 불균형을 가져온다. 가로 세로의 변이 1 : 2가 넘어가면 돈이 새어 나간다.

아파트에서는 베란다를 마당삼아 활용한다. 식물은 기의 흐름이 좋지 않은 현대 주거환경에서 오염물질이나 전자파 등을 흡수해 쾌적한 환경을 지키는 데 큰 도움을 준다. 그러나 지나치게 크거나 많은 수의 식물은 금물이다. 나무가 많으면 흙의 기운을 빼앗아 건강을 악화시킨다. 간혹 실내정원을 만든다고 나무를 많이 들여 채우는데 이는 기를 훼손시키고 결국 악영향을 가져오므로 적당량의 식물만 두는 것이 좋다. 관엽식물이 대안이 될 수 있다.

각 공간에 따라 식물을 달리 배치하기도 한다. 거실에는 수분을 잘 방출하는 인도고무나무와 스파티필름, 침실에는 공기를 정화시키기 위해 산세베리아를 둔다. 욕실에는 냄새를 빨아들이고 습한 곳에서 잘 크는 관음죽, 맥문동을 배치하는 경우가 많다. 아이를 위해서 허브류를 많이 심기도 한다. 식물을 배치할 때 주의할 점이 있다. 아무리 좋은 영향을 주는 나무라 해도 칼처럼 날카로운 식물은 배치하지 않는다. 잎이 큰 관엽식물이 아니라면 고민해야 하고 가능한 피하는 것이 좋다.

이와 같은 기본적인 조건이 충족된 상태에서 각 부분별 정리와 수납을 시작한다. 가장 훌륭한 수납은 노출되지 않는 것이며 면의 수납이다. 즉, 돌출되어 기의 흐름을 막거나 흐트러뜨리지 않게 면으로 보이도록 수납하는 방식이다. 따라서 장롱의 면처럼 보이는 깨끗한 수납이야말로 가장 완벽한 수납이라 할 수 있다.

풍수에
좋은
수납법

현관

집에 복을 불러들이고 기를 바꾸는 곳이 바로 현관이다. 기가 잘 드나들도록 밝고 청결하게 유지하는 것이 중요하다. 신발은 잘 정리해놓고 우산 등은 세워두며, 재활용품을 쌓아놓거나 쓰레기를 분리해 보관하는 용도로 활용하지 않는다. 현관의 등은 가능한 밝은 것으로 달아야 한다.

현관문을 열었을 때 정면으로 거울이 보이지 않도록 한다. 수납장이나 신발장의 한 부분에 작은 거울을 다는 방법도 생각해본다. 좁은 현관을 들어가서 넓게 펼쳐지는 방식이 전착후관인데 재산을 보호하는 구성이다. 전실과 중문을 설치하면 효과가 뛰어나다.

바람이 들어와 기온이 낮은 현관에는 음지에서도 잘 자라고 추위도 잘 견디는 식물이 좋다. 간혹 환경 변화에 적응력이 뛰어난 침엽수로 장식하는 것이 좋다고 말하는 이들도 있는데 근본적으로 침엽수가 많으면 집안에 환자가 생기므로 참고한다. 현관에 식물을 둔다면 외부에서 들어오는 먼지를 예방하며 풍수적으로 살기를 방어하는 능력이 큰 고무나무 등이 좋다.

간혹 취미와 관련된 도구를 현관에 두는 경우를 볼 수 있는데 이는 잘못된 배치다. 현관에 골프백이나 낚시도구, 스키, 스노보드 등을 배치하거나 방치 또는 세워두는 집이 있는데 좋은 수납법은 아니다. 기가 출입하는 곳에 움직이는 물건이나 취미 관련 물건을 세워두면 거울을 달아 반사시켜 들어오는 기를 내쫓는 것과 같다. 주거공간으로 들어오는 좋은 기를 막을 뿐 아니라 가족 간에 혹은 사회생활에서 싸우는 기를 지니게 된다.

일본이나 서양의 풍수나 문화에서 물건을 등바구니에 담아 보관하는 방법이 나오는데 동양 풍수에서는 등나무로 만들어진 물건은 사용하지 않는다. 동양의 풍수에서 등나무는 비비꼬인 물건이고 타고 오르는 속성을 지닌 나무이므로 사용하면 좋지 않은 기운을 지니게 된다고 본다.

신발장

현관은 우선적으로 청결해야 한다. 신발은 가지런히 정리하며 나머지 물건도 깔끔하게 수납한다. 널브러진 신발의 수는 가장이나 주부의 운이나 인연에 안 좋은 영향을 미친다.

전통적 풍수지리에서 수납의 공간은 보이지 않는 것이 좋고, 기의 흐름을 좋게 하는 방법으로 요철(凹凸)이 드러나지 않아야 한다. 가능하면 신발장이 천장에 닿아 신발장과 천장 사이에 공간이 없는 것이 좋다. 아울러 문을 닫아서 벽처럼 돌출된 부분이 없으면 기의 흐름이 원활해진다.

- 신발장의 환경 정리가 운을 지배한다.
- 3년 이상 신지 않은 신발은 과감하게 정리한다. 오래된 물건에는 음기가 감돈다.
- 신지 않는 신발은 반드시 수납한다.
- 현관에는 가족 수 이상의 신발을 꺼내놓지 않는다.
- 신발을 살 때의 상자를 그대로 수납하지 않는다.
- 신발 상자가 제각각이면 가족이 흩어진다는 것을 암시한다.
- 플라스틱 수납상자는 피한다.
- 신발장에 들어가지 않는 신발은 따로 수납하는데 종이나 천에 담아 수납한다.
- 유행하는 신발이나 새 신발은 생장의 기로 목(木)의 기에 해당하므로 위쪽에 수납한다.
- 유행에 민감하지 않은 구두는 토(土)의 기운이므로 아래쪽에 수납한다.
- 신발 정리기구나 구두약 등은 중간 아래쪽에 수납한다.
- 더러워지거나 오래된 신발은 운을 상쇄시켜 기회를 놓치게 만든다.
- 통기성이 좋도록 적절한 공간을 활용하여 수납한다.
- 신발장 위에는 좀처럼 신지 않는 관혼상제용 신발 등을 상자에 담아 보관한다.
- 문이 있는 신발장 상단에는 자주 신지 않는 레저용품이나 제철이 지난 신발을 수납한다.
- 문이 있는 신발장의 중단에는 자주 신는 신발을 수납한다.
- 문이 있는 신발장의 하단에는 작은 운동기구, 장난감, 접이식 우산 등을 수납한다.
- 허리 높이의 신발장 위에는 외출시 사용하는 열쇠 등을 바구니에 담아 수납한다.

● 아이들 신발은 위쪽으로 수납하고 노인, 할머니, 할아버지의 신발은 아래쪽으로 수납한다.

● 신발장 칸마다 숯을 배치하여 기를 정화시킨다.

● 우산은 행거에 걸어놓는다. 접이식 우산을 걸 때는 S자 고리를 이용한다.

- 출입구나 복도쪽 선반은 사용 빈도가 높은 신발을 수납한다.
- 낮은 신발장이나 선반형 위에 잡다한 우편 광고물을 쌓아두지 않는다.
- 선반에 버팀봉을 두어 샌들이나 굽이 높은 구두를 걸어서 수납한다.
- 부츠는 집게로 고정하고 안쪽에 신문지를 채운다.
- 슬리퍼는 사각 바구니에 수납한다.
- 타워형 슬리퍼 선반을 사용한다.
- 필요시 타월 행거에 슬리퍼를 꽂아 수납한다.

거실

거실은 가족이 가장 오랜 시간 머무는 곳이므로 공기정화 기능이 뛰어난 관엽식물을 배치하는 것이 좋다. 관엽식물은 TV나 컴퓨터의 전자파 차단에 효과가 좋다고 알려진 선인장보다도 전자파를 줄이는 데 훨씬 효과적이다.

거실에는 햇빛이 적어도 잘 자라면서 건조에 강하고 휘발성 유해물질 제거 능력이 좋은 식물을 선택한다. 아레카야자, 고무나무, 드라세나 등이 해당된다. 단, 잎이 지나치게 날카로운 식물은 피한다. 소나무나 선인장 같이 침이 달린 식물도 풍수적으로 선호하지 않는다.

거실에서 가장 큰 비중을 차지하는 가구인 소파가 공간에 비해 너무 크거나 비싸면 일이 잘 안 풀린다. 가죽 소파는 차가운 기운을 불러들이는데 포근함을 주는 패브릭, 천 계열의 소파를 활용하는 것도 좋다. 거실 공

거실에는 공기정화 기능이 뛰어난 관엽식물을 배치한다. 단, 잎이 지나치게 날카롭거나 소나무나 선인장처럼 침이 달린 식물은 피한다.

간을 차지하는 에어컨, TV 등 가전제품은 전자파를 피하고 기의 흐름을 원활하게 하도록 배치한다. 에어컨은 창가 모서리 부분에, TV 상단 부분 벽면은 장식 없이 깔끔하게 배치한다.

거실은 집 안에 들어오자마자 가장 먼저 보이는 공간으로 큰 가구가 놓이면 답답하고 압박감이 느껴지므로 벽처럼 보이는 가구가 으뜸이다. 서로 높이가 다른 가구를 배치할 때는 바깥쪽에 낮은 가구를, 안쪽에는 큰 가구를 놓는다. 가구는 각각 사이즈가 다르므로 앞선을 깔끔하게 맞추도록 한다. 컬러의 특성상 진한 컬러보다는 연한 컬러가 거실을 더 넓어 보이게 한다. 두 가지 정도의 컬러가 조화롭게 어우러지는 것은 좋으나 지나친 다양성은 피한다. 손님이 머무는 곳이고 왕래가 잦은 곳이므로 고급스런 느낌의 가구를 비치한다.

책이나 잡지

서재가 있는 경우에는 서재에 책을 두는 것이 좋지만 서재가 없다면 거실에 두는 것도 좋다. 또한 요즘에는 거실을 도서관화하거나 서재화시켜 책을 배치하는 경우도 많다.

책이나 잡지는 목(木)의 기를 가진다. 목(木)은 근본적으로 나무를 의미하는데 발전, 생장, 학문, 명예, 학습, 정보, 기획의 기운이다. 목의 기운을 잘 활용하는 것이 중요한데 자신에게 필요한 것과 필요하지 않은 것을 구분하여야 한다.

- 읽지 않는 책이나 잡지를 쌓아두는 것은 시간에 둔한 체질을 만든다.
- 시간은 기회다. 오래된 잡지를 쌓아두면 기회를 놓치게 된다.
- 오래된 잡지는 직장운을 저하시킨다.
- 오래된 잡지와 책을 쌓아두면 여성의 젊음이 빠르게 사라진다.
- 오래된 잡지는 필요한 내용을 오려 스크랩해두고 처분하는 것이 바람직하다.
- 표지의 색이 같은 책끼리 수납한다.
- 크기나 높이가 같은 것끼리 수납한다.
- 문고본을 수납할 때는 종이박스를 위에 깔고 이중으로 수납하여 공간을 활용한다.
- 겉표지의 문양이 어지러우면 책의 커버를 모두 뒤집어 같은 색으로 통일해서 수납한다.
- 수납공간이 앞뒤로 넓을 때는 문고판은 2열로 수납하고, 앞면은 종이박스를 활용한다.
- 다 읽은 잡지는 파일박스 등에 보관한다.

● 신문은 책상 밑에 타월 행거를 달아 보관할 수 있다.

● 컬렉션이 아니라면 잡지는 오래 보관하지 않는다.

● 신문은 눈에 잘 띄는 곳에 둔다.

● 거실의 한 곳에 파일박스를 부착하여 신문 보관대로 사용한다.

● 신문에서 반드시 필요한 내용은 스크랩 후 처리한다. 오래 비치하지 않는다.

테이블

● 많은 물건이 테이블 위에 쌓이면 기의 흐름이 나빠진다.

● 오래된 요리책, 잡지, 신문을 쌓아놓으면 음기가 피어난다.

● 문방구 등을 무조건 박스에 담아두면 결국 방치하게 된다.

● 다양한 문방구가 필요하면 서류함을 사용한다.

● 펜이 필요하면 세우는 필통이나 꽂이에 종류별로 비치한다.

● 장식장이나 선반을 필요 이상으로 늘리면 쓰레기가 늘어나거나 오래된 물건이

　늘어난다.

● 우편 광고물은 임시 보관 장소를 정하고 시간이 지나면 처리한다.

● 리모컨은 바구니를 사용하여 테이블 위에 위치한다.

● 전깃줄은 접어 두루마리 화장지의 심에 넣어서 세워두거나 활용한다.

전자제품

● 케이블은 스핀들 케이스에 보관 가능하다.

● CD나 DVD 등은 전용 수납 시스템이나 전용 케이스를 사용한다.

● 부피를 차지하면 A4 규격의 CD 파일을 사용한다.

● CD는 케이스에만 넣어서 티슈박스 등에 수납한다.

● 충전기 줄은 볼펜에 칭칭 감아 약한 불로 열을 가한 후 찬물에 식히면 용수철 모

양으로 탄력이 생기고 부피가 준다.

- 충전기 줄을 그대로 보관하려면 종이박스를 잘라 양 옆에 홈을 내고 끼울 수 있게 하여 선이 꼬이지 않게 감아 사용한다.

- 충전기가 많을 경우 지정된 장소에서 충전하도록 한다.

- 게임기기는 박스를 이용해 TV 아래의 공간에 둔다.

그밖의 물건들

- 물건을 바닥에 놓기 시작하면 결국 물건을 쌓아두고 치우지 않게 된다.

- 사용한 물건은 반드시 제자리에 가져다놓거나 바로 정리한다.

- 무엇이든 넣는 박스를 마련하거나 방치하면 결국 쓰레기가 모인다.

- 청구서와 명세서는 따로 파일을 만들어 보관한다.

- 영수증은 업무가 끝나면 바로 처분한다. 때로 중요한 영수증은 사진으로 찍어 두어도 좋다.

- 전자제품 사용설명서는 전자제품 내부 공간이나 근처 혹은 부근 서랍에 수납한다.

- 취급설명서는 물건 주변에 라벨을 붙여 배치한다.

- 샵 카드, 쿠폰 등은 카드폴더를 이용한다.

- 포장용품은 파일박스에 넣어서 벽장이나 보이지 않는 곳에 수납한다.

- 아깝다는 이유로 쇼핑백을 이곳저곳에 모으거나 박아두면 결국 나중에 모아서 버리게 된다.

- 끈은 널려 있지 않도록 화장지의 심에 감아 수납한다.

- 매일 먹는 약은 투명한 컵에 세워 늘 볼 수 있도록 한다.

- 여러 종류의 약을 보관하거나 수납시에는 지퍼백을 이용한다.

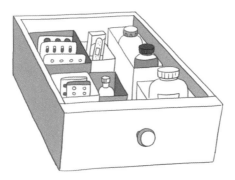

● 약은 겉 상자는 빼고 내용물과 소포장 상태로 서랍에 수납한다.

● 손톱깎기 등 위생용품은 칸이 나누어진 박스에 넣어서 서랍이나 보이지 않는 곳
  에 수납한다.
● 위생용품을 꺼내놓는 경우 연필통 정도의 작은 박스에 넣어둔다.

안방

　우리 문화에서 침실이란 안방을 이야기하는 경우가 많은데 주로 잠을
자는 공간이자 지친 몸과 마음을 쉬게 하는 공간이다. 침실은 가정의 화
목과 길흉에 결정적인 작용을 하는 가장 중요한 곳 중 하나로 재물이 모
이는 곳이자 생산의 공간이다.

　침실에서 가장 중요한 요소는 방위와 잠잘 때의 머리 방향 그리고 컬러
다. 사람은 자면서 머리 쪽으로 기를 흡수하기 때문에 침실의 기운이 중
요하다. 잘 때 머리는 방문과 전자제품이 있는 쪽을 피하고, 가능하면 족

열두한(足熱頭寒)의 법칙에 따라 창가로 머리를 둔다.

흔히 북쪽으로 머리를 두지 말라고 한다. 하지만 풍수에서는 북쪽으로 머리를 두고 자는 것을 오히려 좋게 생각한다. 북쪽은 물을 나타내고 차가운 기운이 흐르므로 족열두한의 법칙에 어울리는 방위가 된다. 풍수에서 일반적인 기의 흐름은 동쪽에서 서쪽으로 흐르고, 북쪽에서 남쪽으로 흐른다. 머리를 북쪽으로 두고 자면 머리로 생기를 흡수하고, 남쪽으로 몸에 쌓인 독을 배출한다는 이론이 성립한다.

동쪽으로 머리를 두고 자는 것은 생장의 기운이다. 가장 나쁜 방향은 남쪽이다. 남쪽은 불의 기운이 미치는 곳이라 쉽게 흥분하거나 태워버리는 속성이 있다. 금전운도 소멸된다. 이를 막으려면 남쪽으로 머리를 향하게 하는 잠자리에서는 베개 근처에 관엽식물을 배치한다. 간혹 하얀 작은 꽃을 배치하라고도 하는데, 예로부터 부부 침실에 꽃이 들어가면 남편이 바람을 피운다는 속설이 있으므로 주의해야 한다.

컬러는 생산과 안정을 의미하는 황토색 계열이 가장 이상적이다. 안방은 잉태의 공간인데, 생명의 잉태는 음양의 조화 속에서 일어난다. 너무 밝으면 안 좋은데 이는 침실의 속성을 보여주는 것이다. 즉, 잉태와 재물의 속성은 약간 어두워야 하므로 안방은 적당히 어두워야 한다.

침실의 조명은 따스함이 느껴지는 주백색 계열의 전등을 사용하는 것이 좋다. 거실과 비교해 50% 정도의 밝기를 지녀야 한다. 대신 백색의 빛을 내는 주광색 계열 스탠드가 필요하다.

흔히 어수선한 방이나 어두운 방은 행복과 멀어진다고 한다. 햇빛이 들지 않아 습한 방이면 양기가 부족하다는 말이니 틀린 말은 아니다. 이 경우 양기를 불러들이기 위해 조명을 밝게 한다는 것이 일본 풍수의 주장이나 의구심이 든다. 우선 양기와 돈의 관계를 파악해야 한다. 밝은 곳에는 돈이 모이지 않는다. 우리 풍수에서 침실은 돈이 모이는 곳이며 생산의 장소다. 따라서 침실로 사용하는 안방은 조금 어두워야만 가정이 안정된다. 단, 양기가 부족하므로 낮에는 가능한 햇빛을 불러들이는 방법을 찾아야 하고, 제습제나 제습기를 이용해 습기를 줄이거나 없애며 온도를 올려 증발시킨다. 만약 밝은 빛을 사용한다면 일시적이거나 스탠드 빛 정도로 제한하고, 전체적인 조명은 지나치게 밝아서는 안 된다.

창문은 사회적 지위나 아름다움을 상징하므로 항상 먼지를 제거하고 청결함을 유지해야 한다. 커튼은 좋은 기를 받고 나쁜 기를 뱉어내는 필터와 같으므로 계절이 바뀔 때만이라도 세탁한다. 아울러 커튼은 침대머리의 차가운 기운을 어느 정도 방어한다.

장롱이나 수납장 등은 안방이나 침실에 배치되는 수납공간이다. 풍수지리에서 이러한 수납공간은 운을 모으는 저금통과 같다. 깔끔한 정리야말로 운을 불러들이고 금전을 풍족하게 만든다.

사용하지 않는 물건을 오래도록 수납하고 있다면 음의 기운을 축적시키고 있는 것과 같다. 수납공간이 많은데 이를 비워두면 금전운이 사라진다. 적당한 양을 수납하면 금전운이 좋아지는데 80% 정도의 수납이 적당하다. 수납하고 있는 물건은 간혹 꺼내어 재정리하고 털어주어야 음기가 사라진다. 습기가 많아지면 역시 음기를 만들고 운을 흐트러뜨린다. 가능한 습기를 막을 수 있는 방법을 선택하고, 제습제를 사용하거나 숯을 넣어주면 좋다.

바깥 기운이 묻은 외출복은 털어서 옷장에 넣고, 직접 영향을 미치는 속옷은 옷장 맨 위에 수납한다. 세탁소에서 씌운 비닐커버는 옷의 기운을 없애므로 벗겨낸 후에 정리한다. 플라스틱 수납박스를 써야 한다면 안에 천을 깔아 옷에 직접 닿지 않게 한다.

침실에는 편안하고 자연스러운 분위기를 만들어주는 동시에 밤에 공기 정화 기능을 하는 식물이 배치되는데 일반적으로 산세베리아, 페페로미아, 선인장 등이 추천된다. 다육식물을 키우는 것도 좋다. 식물학적뿐 아니라 풍수적으로도 도움이 되는 식물은 잎이 넓고 기둥이 가늘며 꼬이지 않은 식물이다. 날카롭거나 침이 있는 식물은 피한다.

장롱을 고를 때는 침실의 크기를 고려해야 한다. 장롱의 크기가 침실 면적의 1/3을 넘지 않아야 한다. 너무 큰 장롱은 침실을 답답하게 만드는 요인이다. 우리의 전통적인 풍수에서 보이지 않는 수납이 중요하다는 점을 감안하면 붙박이장이나 벽장의 수납도 검토해볼 만하다.

수납공간은 운을 쌓는 곳이다. 어수선한 수납공간은 절대 기운을 모을 수 없다. 틈틈이 수납공간을 확인하여 필요한 물건만 남기고 불필요한 것은 버린다. 컬러별로 가벼운 색은 위쪽 칸에, 어둡고 무거운 계열의 색은 아래쪽 칸에 정리한다.

장롱

장롱은 옷을 정리하는 침실 혹은 안방의 대표적인 수납공간이다. 드레스룸이 없을 때는 장롱이 옷을 보관하는 중요한 공간이 된다. 이불을 정리하는 공간으로 사용되기도 한다.

우리나라의 전통적인 풍수나 수납방식을 적용한다면 사람 키보다 낮은 공간에 수납해야 하지만 현재 사용하는 장롱은 대부분 높고 크다. 높은 장롱을 사용한다면 차라리 벽처럼 보이는 붙박이장이 좋으며, 붙박이장이 아니더라도 벽처럼 보이도록 높아 천장에 닿을 듯 틈이 없거나 적은 것이 좋다. 앞면이 벽면처럼 매끄러워 돌출된 것이 없어야 기의 흐름을 방해하지 않는다.

- 장롱의 위쪽 선반에는 계절이 지난 물품을 보관한다.
- 위쪽 선반은 손이 닿기 어려우므로 중장기 보관이 필요한 물건을 수납한다.
- 오래 보관할 물건은 통기성이 좋은 부직포 등을 사용해 수납한다.
- 압축팩은 사용하지 않는다.
- 행잉 선반에는 니트와 모자 같은 작은 소품을 수납한다.
- 행거존에는 긴 옷을 수납한다.
- 행거에 거는 옷은 앞뒤를 맞추어 수납한다.
- 행거 자체를 같은 종류의 옷으로 수납한다.
- 행거존에서도 긴 것을 안쪽으로, 짙은 색을 안쪽으로, 무거운 것을 안쪽으로의 순으로 정리한다.
- 옷을 걸고 남은 하단부의 공간에는 박스를 이용하여 속옷, 이너웨어, 니트 등을

수납한다.

- 박스 앞의 공간에 다른 물건을 수납하지 않는다.

- 신축성이 없고 늘어나지 않는 직물은 걸고, 늘어나기 쉬운 편물은 개켜서 수납
한다.

- 높은 곳에 수납하는 물건의 포장에는 손잡이를 달아둔다.

- 세탁소에서 온 클리닝 비닐은 어깨 부분만 남기고 벗겨 수납한다.

- 공간박스 위의 남은 공간에는 가방을 수납한다.
- 상황에 따라 하단부 빈 공간에 골프가방, 스노보드 등을 수납한다.
- 장롱은 수시로 열어 통풍을 시켜주어야 곰팡이가 피지 않는다.

벽장

벽장은 붙박이장과 같은 용도를 가지며 수납에 있어서는 장롱과 같다. 우리의 전통 풍수에서 벽장은 보이지 않는 수납의 기능을 수행한다. 예로부터 안채의 안방에는 다락으로 올라가는 사다리가 있었고, 그 다락에는 여자의 물건이 보이지 않게 수납되어 있었다. 벽장은 그러한 용도를 지닌다.

- 지나치게 많은 물건을 넣으면 버려야 할 물건도 쌓인다.
- 무질서한 수납은 수납이 아니라 방치다.
- 너무 많이 걸어 버팀봉이 무너지기도 한다.
- 버팀봉보다는 행거를 사용하여 수납한다.
- 무게가 지나치면 합판에 구멍이 뚫리거나 선반이 붕괴되기도 한다.
- 마구잡이 수납은 붕괴의 원인이다.
- 봉제도구, 다리미, 천 종류는 하나의 수납박스에 넣어 벽장 하단에 보관한다.
- 이불 위에 가전제품을 쌓고, 옷 위에 책을 쌓는 식의 수납은 붕괴의 위험이 있다.
- 이불 수납에 압축팩은 가능한 사용하지 않는다.
- 압축팩을 사용할 경우에는 햇빛을 충분히 쪼인 다음 사용한다.
- 건조시키지 않으면 아끼는 물건이 망가진다.

● 지나치게 많은 물건이 쌓이면 문에 끼이거나 무너져 닫히지 않는 경우도 생긴다.

● 이불은 필요시 말아서 묶은 다음 세워서 수납한다.

● 긴 박스나 깊이가 있는 수납용구는 바퀴를 달아 손쉽게 끌어낼 수 있도록 한다.

- 위쪽 선반에는 제철이 지난 옷이나 전기장판, 이불 등을 수납한다.
- 상단에는 늘 사용하는 물건을 수납한다.
- 늘 사용하는 물건은 앞쪽으로 수납한다.
- 이벤트 용품은 모두 모아 하나의 박스에 수납한다.
- 필요시 의상을 담는 박스를 적절히 사용하여 수납한다.
- 행거 뒤쪽의 남는 공간은 컬러박스를 배치하여 활용한다.
- 하단에는 의상 케이스를 수납한다.
- 하단에 의상 수리기구를 수납한다.
- 하단은 습기에 주의한다.
- 추억의 상자는 많이 만들지 말고 하나에 모두 수납한다.
- 어린아이의 작품은 사진을 찍고 독립된 상자에 수납한다.
- 청소기는 문을 열면 바로 보이도록 수납한다.
- 전자기기 등을 사용 중이라면 수납공간을 비워둔다.
- 선풍기는 먼지를 방지하는 커버를 씌워 수납한다.
- 청소기 호스는 걸이에 걸어놓아 늘어지거나 다른 물건에 감기지 않게 한다.

서랍장

서랍장은 소규모의 장롱 역할을 한다. 벽장이나 드레스룸에 넣을 수 있는 물건도 있지만 작은 소품이나 속옷 등은 서랍장에 수납한다.

- 좁은 공간에 옷을 포개서 수납하면 빨리 꺼내기 힘들고 엉클어진다.
- 지나치게 많은 양을 수납하면 서랍장이 열리지 않을 수도 있다.

- 우겨넣듯 가득 채우면 서랍장을 열면서 동시에 옷이 용수철처럼 튀어나올 수 있다.

- 옷이 많아 닫히지 않는 경우 최악의 수납이다.

- 마구 엉클어진 모습으로 수납하면 정리도 어렵고 필요한 물건을 찾기도 어렵다.

- 서랍장 상단은 손수건, 넥타이, 양말, 액세서리와 같이 가볍고 작은 물건을 수납한다.

- 중간 서랍은 티셔츠와 와이셔츠, 스웨터, 가디건, 트레이닝복을 수납한다.

- 하단 서랍은 청바지와 바지를 비롯한 무거운 물건을 수납한다.

- 한 칸에 한 가지 아이템으로 한정하면 찾기 쉽고 어질러지지 않는다.

- 서랍장의 손잡이 부근에 라벨을 붙이면 손쉽게 찾을 수 있다.

- 수납장의 크기에 맞추어 수납 물건의 크기와 넓이를 조절한다.

- 같은 아이템을 수납할 때는 가로 2열 수납이 좋다.

- 작은 물건은 위로, 큰 물건은 아래로 수납한다.

- 의류는 말거나 접어서 둥근 부분이 위로 가도록 수납한다.

사진

- 안방에는 가족사진이나 자녀의 사진을 수납 또는 배치하지 않는다. 안방에 자녀의 사진을 부착하는 것은 부부싸움의 원인이 된다.
- 부부사진 이외의 가족사진은 걸지 않는다.
- 단체사진도 걸지 않는다.
- 꽃 그림이나 사진도 걸지 않는다.
- 꽃 그림 벽지나 침구도 사용하지 않는다.
- 만약 가족사진이나 자녀의 사진이 있다면 보이지 않는 곳에 수납한다.

침구 정리

- 침구를 수납할 때 장롱의 아래쪽은 습기가 차기 쉽고 음기가 강해 흡수되기 쉬우므로 위쪽 칸에 수납한다.
- 침구 수납장소를 수시로 바꾸면 운이 흔들린다.
- 시트, 커버, 베개, 기타 다른 침구도 고정된 장소를 정해 수납한다.
- 시트, 커버, 베개 등은 이불과 함께 수납하지 않는다.
- 시트와 커버는 전용 서랍을 구비해 따로 보관하는 것이 좋다.
- 공간의 문제로 압축팩을 사용하는 것은 금물이다.
- 부득이하게 압축팩을 사용하려면 3일 정도 햇빛에 널어 양기를 충족시킨 후에 압축한다.
- 손님용 침구 보관에 압축팩 사용은 문제가 발생하지 않는다.
- 장난감과 함께 수납하지 않는다. 장난감은 목(木)의 기운이다.
- 가전제품과 함께 수납하지 않는다. 가전제품은 화(火)의 기운이다.

● 부득이하게 여러 가지를 함께 수납한다면 칸 또는 위아래로 분리하여 수납한다.

화장실

현대 건축물은 극도의 편리성을 추구한다. 예로부터 전해왔던 "처가와 뒷간은 멀어야 좋다"는 말이 무색하다. 화장실이 멀어야 한다는 것은 냄새와 더불어 병균의 유인에 관한 제언이다.

현대 건축에서 주택의 특징은 아파트인데, 과거와 다른 주택의 가장 큰 변화는 화장실을 집 안으로 불러들였다는 것이다. 우리의 풍수와는 동떨어진 것이지만 현대 건축의 산물이라 거부하기도 어렵다. 그렇다면 효율적으로 사용하는 것이 중요하다. 우리의 풍수를 적용하여 효율성을 찾아 공간을 정리하는 지혜가 필요하다.

어느 집이든 화장실은 그 집 여성의 이미지가 된다. 어수선해지고 불결해지기 쉬우며 늘 물이 있는 장소다. 건조하게 유지해야 하고 정리되어 있어야 한다. 특히 현관에서 들어설 때 정면으로 화장실이 보이면 운이 새어나가고 구설이 많아진다. 일정 평수의 아파트는 이런 배치가 흔한데 비보풍수가 필요하다. 집 안이 어둡지 않다면 화장실과 현관문 사이에 시야를 가리는 구조물을 배치하면 좋다. 그마저 불편하다면 요즘 유행하는 비즈로 만들어진 발을 내려서라도 가려주는 것이 좋다.

화장실과 침대

- 화장실 쪽으로 침대 머리를 배치하지 않는다.
- 침대 다리 방향에서 정면으로 화장실이 보이는 배치는 피한다.

화장실 수납

- 화장실은 늘 건조하게 유지한다.
- 칫솔은 사용하고 반드시 안쪽에 수납하여 오픈시키지 않는다.
- 물의 기가 많은 화장실에 불의 기가 강한 플라스틱 수납장은 편리하지만 운을 나쁘게 한다.
- 오픈형 수납장은 천으로 가려주는 것이 좋다.
- 위쪽으로 많은 수납을 하면 건강이 나빠진다.
- 어쩔 수 없이 많은 양을 수납할 때는 벽과 같은 색을 지닌 천으로 가려 무게감을 낮추어준다.
- 화장실에는 철재 선반이 잘 어울린다. 단, 도색은 철저하게 확인한다.
- 플라스틱 서랍장은 위로부터 천을 씌우는 방법을 사용한다.
- 속이 보이는 플라스틱 상자는 편하지만 기를 흐트린다.

화장품

풍수적으로 물을 많이 사용하는 곳은 물의 기운이 있다. 사람은 늘 물로 피부를 닦고 머리를 감으며 목욕을 하므로 피부와 머리는 수(水)의 기가 강하다. 따라서 피부 및 머리와 관련된 화장품은 물의 기운이 강한 화장실에 두어도 무방하다.

- 화장실에서 화장을 하면 아름다운 기를 관장하는 불의 기가 사라진다.
- 스킨케어는 화장실에서 해도 괜찮지만 메이크업은 금물이다.
- 화장실에 화장품은 스킨케어와 헤어케어 용품만 둔다.
- 물기가 마르지 않은 화장실은 용모에 흠이 되므로 청결하고 건조하게 유지하고 화장을 한다.
- 바구니를 두고 수납한다. 간혹 등바구니에 수납하는 경우가 있는데 우리의 풍수와는 맞지 않는다.
- 목욕용품은 철재 수납박스를 이용하는 것이 좋고, 녹을 방지하기 위해 도색을 철저히 하거나 스테인레스를 이용해 녹이 슬지 않게 한다.

세면장

세면장은 얼굴을 닦는 공간이며 때로는 미니 욕실의 기능을 겸할 때도 있다. 세면장은 화장실과 욕실을 겸한 공간의 축소형으로 응용되거나 사용할 때도 있으며, 순수하게 얼굴을 닦는 공간으로 사용될 때도 있다.

풍수적으로 세면장은 물을 사용하는 곳이므로 재물운과 관련이 있다. 물을 효율적으로 사용하고 낭비하지 않으며 사용이 끝나면 말려두어야 한다. 또한 가구는 금속성 가구를 사용하는 것이 좋다.

- 비슷한 종류의 화장품으로 채우지 않는다.
- 작은 화장품들은 상자를 나누어 수납한다.
- 샘플은 빨리 사용한다.
- 오래된 샘플은 처분 대상이다.

- 청소용품이나 화장품의 여분이 많으면 처리 대상이다.
- 세면대 화장은 스킨케어, 헤어케어 정도면 충분하다.
- 면도기, 헤어드라이어의 콘센트는 반드시 뺀다.
- 전용홀더를 세면대 밑에 설치하고 드라이어를 수납한다.
- 장식장의 문을 세면대 거울로 활용한다.
- 남편의 물건과 아내의 물건을 분리해 수납한다.
- 남편의 물건은 정면에서 왼쪽 상단에 수납한다.
- 아내의 물건은 정면에서 오른쪽 상단에 수납한다.
- 세면대 위 수납장의 하단부는 가족이 공용으로 사용하는 물건을 수납한다.
- 세면대 밑은 세제, 유연제, 청소용품, 샴푸, 바디 소프트 용품을 수납한다.
- 세면대 하단 서랍의 상단은 티슈, 면봉, 솜, 작은 쓰레기를 담는 기구를 수납한다.
- 세면대 하단 서랍의 중단은 평소 사용하는 얼굴용 타월을 수납한다.
- 세면대 하단 서랍의 하단은 평소 사용하는 목욕 타월을 수납한다.
- 세면대 하단은 배수관을 생각해 선반을 사용하여 수납한다.
- 칫솔처럼 몸에 직접 닿는 것은 청소용구와 같은 위생용품과 분리하여 수납한다.
- 칫솔은 필요한 숫자만 놓는다.
- 칫솔은 가능한 스탠드형으로 수납한다.
- 칫솔 수납에 스탠드형이 없으면 흡판을 이용해 부착한다.
- 자주 사용하는 물건은 앞쪽, 자주 사용하지 않는 물건은 뒤쪽에 수납한다.
- 타월은 접었을 때 둥근 부분이 앞으로 나오거나 보이도록 수납한다.
- 타월은 4번 접어 둥글게 말아 바구니에 수납한다.
- 걸레와 청소용 브러쉬는 바구니에 수납한다.

- 작은 아이템은 파우치에 수납한다.

- 세탁한 옷은 세탁기에서 꺼내 버팀봉이나 세탁용 선반에 옷걸이로 걸어 한 번에 이동한다.

- 다양한 물품은 용도별로 바구니에 넣어 세면대 아래에 수납한다.

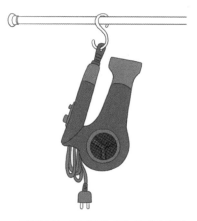

- 드라이기는 버팀봉에 S자 고리로 걸어 수납한다.

- 목욕용 장난감은 세탁망을 이용해 넣고 흡착식 고리나 S자 고리를 이용해 타월 행거에 수납한다.

● 스프레이형 세제는 버팀봉에 걸어 수납한다.

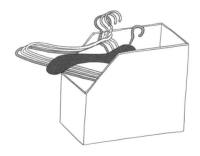

● 옷걸이는 파일박스에 수납한다.

● 빨래집게는 세탁망에 모아 빨래바구니에
  넣어둔다.

아이들은 이미 왕성한 기운의 지배를 받고 있기 때문에 컬러풀하게 방을 꾸미면 지나치게 자극을 주게 되므로 주의한다. 생명의 기운, 성장의 기운이라는 단순한 생각으로 녹색을 지나치게 사용해도 좋지 않다. 아이 방은 단순하고 깔끔하며 안정감이 느껴지는 분위기와 색을 유지하는 것이 좋다. 약한 분홍색이 스미는 부드러운 색이나 미색, 베이지색, 황토색 계열을 사용하면 안정감이 있고 집중력이 좋아진다. 때로 깔끔하다는 생각에 검은색과 흰색의 조화로 꾸미는 경우를 볼 수 있는데 좋은 선택은 아니다.

아이 방의 가구는 모서리가 둥글게 처리된 것을 사용한다. 책상을 배치할 때 의자가 너무 높아 발이 허공에 뜨면 산만해진다. 책이 너무 많으면 방이 건조해지므로 적정량을 유지하고, 자주 보지 않는 책은 수납해둔다. 책꽂이에는 교과서 정도만 꽂아두는 것이 적당하고, 책상 위에는 작은 시계와 스탠드 외에는 물건을 두지 않는다.

아이의 방에는 생명력이 느껴지는 잎이 많은 식물이 좋은데 식물의 녹색은 눈의 피로를 덜고 뇌의 알파파를 증가시켜 뇌기능을 활발하게 한다. 아이비나 칼랑코에, 싱고니움, 푸밀라 같은 식물이 편안함을 주며 집중력 향상에 도움이 된다. 책상 위에 올려놓는 식물로는 세이지, 로즈메리 등과 같이 일조량이 적어도 잘 견디는 허브 식물이 좋지만 역시 날카로운 잎은 사양이다. 특히 풍수에서는 아이들의 기를 나무의 성장과 같은 기로 파악한다. 수납방식이나 소재, 수납기구를 잘못 선택하면 아이의 성장을 저해하거나 기를 훼손할 수 있다.

아이의 방은 공부방을 겸하는 경우가 많으므로 책상 정리가 필수적이다. 어수선하고 정리가 되어 있지 않으면 학습 능력이 저하되고 의욕도 떨어진다. 풍수적으로는 잡다한 물건이 늘어져 있거나 펼쳐져 있으면 기가 흩어지고 좋은 기가 나쁜 기로 변한다. 아울러 돌출되고 불거져 나오는 수납과 추상적인 그림, 지나치게 화려한 장식은 기를 나쁘게 만드는 요인으로 본다.

- 장난감을 수납할 때 플라스틱 상자는 피한다.
- 통풍이 잘되는 나무 바구니나 종이상자가 좋다.
- 등나무 상자를 사용하는 경우도 있는데 풍수지리에서는 금한다. 등나무 상자는 비비꼬인 등나무의 성질 때문에 사용하지 않는 것이 좋다.
- 공부와 관련 없는 책은 책장 안쪽으로 수납한다.
- 공부와 관련 없는 책을 수납하기 어려울 때는 천으로 가려둔다.

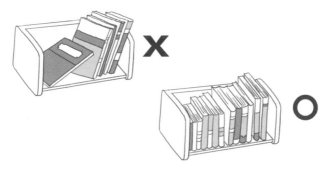

- 교과서나 노트는 기울이거나 쌓지 않고 세워서 수납한다.

- 참고서나 사전과 같이 공부와 직접적으로 관련 있는 책은 눈에 잘 보이는 위치에 수납한다.
- 책상 위가 여러 가지 물건이나 인형 등으로 어지러워 보이지 않게 한다.
- 깔끔한 정리가 우선이다.

아기가 있는 집의 수납법

아기가 탄생하면 기쁨이 배가 되고 가족의 환희로 이어지지만 부부 단둘이 살던 집은 일시에 좁아지게 된다. 아기에게 매달려야 하는 시간이 늘어남에 따라 정리는 어려워지고 물건들도 여기저기 쌓이기 시작한다.

아기용품은 부모가 산 것으로 국한되는 것이 아니다. 주변에서 받은 선물들이 쌓이고 중복되다 보면 넓은 집도 좁다는 생각이 들게 된다. 아기에게 필요한 가재 손수건, 옷과 이부자리, 자꾸만 나오는 기저귀 등이 널려 있게 되면 집은 어느새 엉망이 된다. 더구나 일회용이나 소모품도 자꾸만 쌓여 평소 잘 정리되어 깔끔하던 집도 금새 어질러진다. 이런 때일수록 중요해지는 것이 수납이다. 적재적소에 아기용품을 배치하면 어지럽다는 생각도 들지 않고 정리와 청소도 수월해진다.

기초 수납 4단계

❶ 베이비케어 용품

- 생후 몇 달 동안 집중적으로 사용하는 물건이다.
- 기저귀 갈기, 수유와 관련된 용품은 가깝고 꺼내기 쉬운 곳에 둔다.
- 아기용품을 담을 바구니를 고를 때는 플라스틱을 피한다. 플라스틱을 사용한다.

면 바닥에 천이나 종이를 깐다. 플라스틱은 나쁜 화(火)의 기를 지니고 있기 때문이다.

- 등나무 바구니도 피한다. 등나무는 비비꼬인 성향을 지니고 있으므로 풍수적으로 사용하지 않는 것이 좋다.

- 아기의 양육을 위해 이 방 저 방 옮겨다니는 것은 좋지 않지만, 만약 옮겨다닌다면 방마다 아기용품을 놓아두는 것도 좋다.

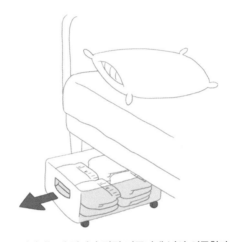

- 기저귀는 손잡이가 달린 바구니에 넣어 이동한다.

❷ 공간 활용

- 아기가 어릴 때는 기저귀와 아기용품이 많아 공간 확보가 필요하다.

- 붙박이장, 옷장의 하부 공간을 이용하여 수납하면 공간 활용이 가능하다.

- 간단한 소품은 아기 침대 밑에 수납한다.

- 아기 침대를 사용하지 않는 경우에는 아기 이부자리 근처에 수납한다.

- 보이는 곳에 두어야 하는 수납에는 세탁용 가방에 넣거나 천을 씌워둔다.

❸ 정리

- 간단하고 사용하기 쉽게 수납한다.

- 아기용품을 사용하기까지 두 가지 이내의 동작으로 해결할 수 있도록 한다.

- 수납이 지나치게 복잡해지면 결국 어지럽게 변한다.

- 아기 근처 가장 가까운 곳에 수납하는 것이 좋다.

❹ 가족 육아

- 아빠는 물론 가족 모두가 육아한다고 생각하고 수납한다.

- 어떤 아이템이라도 사기 전에 필요한지 생각하고 파악한다.

- 사용하기 전에 놓을 자리를 정한다.

- 아기용품은 오래도록 사용하는 것이 아니므로 수납상자를 이용하는 것도 좋다.

- 수납상자를 사용할 때는 라벨을 붙이는 것도 하나의 방법이다.

장난감 수납

아이가 자라면서 장난감이 필요하게 된다. 무계획적으로 장난감을 사들이면 같은 용도의 장난감이 많아지고 결국 처리를 할 수밖에 없는 지경에 이른다. 장난감을 살 때도 전략이 필요하다. 또한 수납에 따라 난잡하게 보이지 않고 집 안이 어지러지지 않을 수 있다.

- 수납 이전에 버릴 장난감과 보관할 장난감을 구별하고 정리한다.

- 아이가 관심을 보이지 않는 장난감은 쌓아두지 말고 버리거나 다른 사람에게 준다.

- 장난감은 한자리에 정리한다.

- 장난감 종류별로 수납함을 준비하여 정리하면 아이에게도 자연스레 종류에 대한 개념을 심어줄 수 있다.

- 자동차처럼 큰 장난감은 선반을 이용하여 장식하면 보관하기도 쉽고 꺼내서 놀기에도 편리하며 장식 효과도 얻을 수 있다.

- 작은 장난감은 입구가 넓은 밀폐용기나 투명한 용기에 종류별로 모아 수납한다.

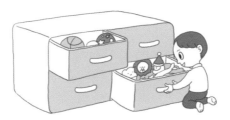

- 아이 스스로 꺼내 쓰고 담아놓을 수 있는 위치에 장난감을 놓아 스스로 정리하는 습관을 길러준다.

- 모형 장난감이나 미니 자동차와 같은 작은 크기의 장난감은 작은 상자나 우유팩 등에 색지를 붙여 수납하면 편리하고 보기에도 깔끔하다.

안에 든 것을 확인할 수 있으며 잘 정리되어 보인다.

- 블록이나 소꿉놀이 세트는 원래의 상자에 담아두어야 아이들이 상자 앞에 붙은 그림을 보고 따라 만들면서 놀 수 있다.

- 금속류의 장난감은 지퍼팩에 넣어 보관해야 서로 부딪히면서 페인트가 벗겨지는 것을 피할 수 있다.

- 색연필과 같은 문구류는 손잡이가 달린 투명한 바구니에 담아주는 것이 좋다. 모래놀이 세트 바구니나 큰 투명 사탕통 등이 제격이다.

- 물놀이 장난감은 늘 물에 젖어 있기 때문에 물때가 많이 끼거나 세균에 오염되기 십상이므로 그물주머니나 양파망에 담아둔다.

- 잘 가지고 놀지 않거나 큰 아이들이 가지고 노는 장난감을 미리 선물 받았을 경우에는 베란다에 보관해두고 적당한 때 꺼내어 쓰도록 한다.

서재

서재는 공부하고 사색하며 때로 사람을 만나는 장소로도 이용된다. 음악을 듣기도 하고 기획을 하는 장소로 사용되기도 한다.

서재는 방향이 중요하다. 풍수지리에서는 방향에 따라 각각의 기가 다르다고 파악한다. 북쪽은 수와 중남의 기가 있고, 북동쪽은 토와 소남의 기가 흐르며, 동쪽은 목과 장남, 동남은 목과 장녀의 기운이 있다. 남쪽은 화와 중녀의 기운, 남서쪽은 토와 노모와 가정주부의 기운, 서쪽은 금과 소녀의 기운이 흐르고, 북서쪽은 금과 하늘의 기운이 흘러 노부의 영역이다.

서재는 생각하고 공부하며 기획하는 공간이므로 가장 강한 기가 들어와야 한다. 따라서 북서쪽에 해당하는 방향에 서재를 배치하면 좋다. 이 방향은 학습의 공간이므로 학습이 필요한 아이나 승진을 바라는 사람, 과학자, 교수나 교사, 연구가, 기획자 등이 사용하면 유용하다. 주택에서는 가장 연장자인 할아버지의 공간으로 사용할 수 있고, 가장의 영역으로도 적합하다.

특히 '건방(乾方)'으로 불리기도 하는 이 방향의 공간은 '건방지다'는 말이 있을 정도로 강한 기를 발생하는 지역이다. 어린아이의 방으로 배치하거나 오래 머물도록 하면 지나치게 당당해지고 주장을 굽히지 않는 경우가 있으므로 오래도록 어린아이의 방으로 배치하지 않는다.

모든 방과 공간을 풍수적으로 충족시키기는 어렵다. 집의 배치에서 가장 중요한 것은 배산임수의 법칙으로 산을 등져 안정감을 가지는 것인데 방도 크게 다르지 않다. 방에서 산은 벽이 대신하는 것이나 벽이 없거나 오픈되었거나 혹은 유리로 마감되었을 경우에는 비보풍수를 하여 가리거나 힘을 모으고 심리적 안정감을 추구하는데 그림을 주로 이용한다.

책상

아이의 방을 배치하는 방법과 대부분 동일하지만 안정감을 추구한다는 점에서 더욱 중요하다.

- 벽을 등지고 앉는다.
- 만약 뒤가 허하면 가구 등을 배치하고, 공간이 비어 있으면 산 그림을 건다.

- 산 그림에는 가급적 물을 그리지 말고, 날카로운 산 그림은 배제한다.
- 창과 출입하는 문이 모두 눈에 들어오면 좋다.

조명

- 지나치게 밝으면 오히려 정신을 분산시킬 수 있다.
- 백색보다는 붉거나 황토색의 기운이 든 조명(주백색)이 좋다.
- 반드시 스탠드를 사용한다.
- 학습 효과를 노리는 스탠드의 색은 백색(주광색)이다.

책의 정리

- 오래된 잡지는 빠르게 폐기한다.
- 꼭 필요한 내용이 있다면 스크랩한 후 폐기한다.
- 오래된 잡지를 책상에 쌓아두면 유행에 둔감해진다.
- 시리즈로 이어지는 책을 수납할 때는 첫 권부터 번호대로 꼽는다.
- 개방형 서가에서는 눈높이에 사회적 지위에 관한 책과 자신이 추구하는 인물에 관한 책을 꼽는다.
- 정리하지 않은 책은 운을 무너뜨린다.
- 움직이는 바퀴 달린 수납시설도 나쁘지 않다. 움직이는 가구는 목의 성질과 잘 부합되는데 책은 목의 성질이기에 상승 효과가 일어난다.

CD와 비디오테이프

아이들의 학습에는 CD와 비디오테이프 등도 많이 사용된다. 요즘 비디오테이프는 대부분 사라지고 없으며 플레이어와 USB 등을 사용하는데 수납방식은 크게 다르지 않다.

- TV나 플레이어와 떨어진 곳에 배치한다.
- 수납하는 도구나 상자는 철, 나무 모두 나쁘지 않으나 나무가 더욱 좋다.
- CD는 겹쳐 쌓지 말고 세워서 수납한다.
- CD와 같은 물건을 여기저기 쌓아두는 것은 곧 쓰레기장으로 변한다는 암시다.

수험표

시험을 치르거나 면접 등과 관련된 서류는 서재에 두는 것이 좋다. 따로 서재가 없다면 안방이나 지정된 책상 위에 둔다. 수험표는 가능한 눈에 잘 띄는 곳에 두어야 잊지 않는다.

- 남성은 책상 위의 소품 상자나 손수건 위에 둔다.
- 여성은 통풍이 잘되는 한지나 소품 위에 두는데, 반드시 눈에 띄게 배치한다.

참고서

공부를 하는 데 있어 반드시 필요한 책이다. 아이 방이 서재를 겸한다면 아이 방에 수납하지만 서재에서 공부한다면 서재에 두어야 적당하다.

- 책상 오른쪽에 허리보다 높은 위치로 세워서 수납한다(책꽂이를 사용한다).
- 참고서를 쌓아두면 실력 발휘가 되지 않는다.

● 낮은 곳에 수납하면 외운 것을 잊어버리는 경우가 생긴다.

주방

주방은 불을 사용하는 곳이다. 불은 생명력을 의미한다. 살기 위해 먹는 식품, 쌀, 조미료는 불의 기운을 지닌다. 물은 불의 기운과 상극이므로 물의 기운을 가지는 도구나 용품은 불의 기운을 지니는 기구나 도구와 분리해서 수납해야 한다.

싱크대는 가족의 건강과 직결되므로 특히 신경써야 한다. 반드시 필요한 조리기구들만 가지런히 보관해야 하고, 소재나 색깔이 같으면 오픈 수납도 무방하다. 그릇은 엎어놓아야 하는데 문이 달린 수납장이라면 그릇이 입구를 향하도록 수납한다. 냉장고는 수시로 정리해야 금전운을 높일 수 있다. 항상 새로운 것의 기가 강하므로 음식은 오래두지 않는다. 모서리가 없는 둥근 식탁이 안정감을 준다.

주방은 습기가 많은 곳이므로 스킨답서스, 타임세이지 같은 식물이 습기를 흡수하며, 요리할 때 생기는 일산화탄소와 음식 냄새 제거에도 효과적이다. 식탁에는 식욕을 돋우는 허브를 놓아주는 것도 좋지만 바늘형이나 칼 같은 잎을 지닌 식물은 피한다.

주방은 금전운을 관장하는 장소다. 수납 방법에 따라 금전운이 바뀔 수 있으므로 주의한다. 금전운과 가장 밀접한 관련이 있는 곳은 싱크대 밑과 가스를 사용하는 레인지 주변이므로 더욱 신중하게 수납해야 한다. 전자레인지나 가스레인지와 같이 불과 관련된 장소가 깨끗하지 않고 더러우면 나쁜 의미로 변한다. 싱크대에 물때가 끼어 더러우면 돈의 순환을 좋지 않게 한다. 환풍기나 후드, 창문 등도 돈이 들어오는 입구이므로 지저분하면 들어올 돈도 달아난다. 옛날의 주방은 부엌이라 오행의 기운이 존재하는 조화로운 공간이었지만, 현대의 주방은 실내로 들어왔고 화석 연료인 가스를 사용하므로 환기가 중요하다.

주방의 수납에는 다양한 가구와 수납도구가 사용된다. 움직이는 가구는 책이나 잡지 수납에는 좋으나 주방에서는 사용하기 어렵다. 움직이는 것은 흐트러뜨리는 상징이 되는데 주방에서는 금전운을 흔들기 때문에 사용하지 않는다.

빨간색은 돈을 불태우는 속성이 있으며 검은색은 돈을 잃어버리게 만드는 속성이 있다. 간혹 흰색이나 검은색 일색으로 주방을 치장하는 경우가 있는데 검은색은 결코 좋다고 보기 어려운 색이다.

가스레인지 위의 공간

- 수납공간으로 사용하도록 수납장을 배치한다.
- 습기를 피해야 하는 음식 재료를 수납한다.
- 면류, 즉석식품은 바구니 등에 나누어 담아 수납한다.

가스레인지 아래 공간

- 식품은 가스레인지 아래 공간에 수납한다.
- 가스대 밑에는 유리용기, 각종 조미료, 통조림, 식용유 등과 같은 식품류를 배치

한다.

- 조미료와 소금 등은 흰색 도자기류에 담아 수납한다.

- 플라스틱 소재의 물건을 가스레인지 밑 공간에 배치하면 충동구매가 늘고 소비 지출이 놀랍도록 늘어난다.

- 쌀은 비닐봉지나 종이포대에 담지 않는다. 도자기류의 통이나 목재통에 담아 보관한다.

- 불결하고 눌어붙은 조리기구를 수납하면 금전운이 나빠진다.

식탁

- 식탁에 약을 쌓아두는 것은 병이 들어오라는 암시와 같다.

- 식탁에 물건을 쌓아두면 결국 식탁 모서리에서 식사를 하게 된다.

싱크대 위의 공간

- 수납장을 설치한다.

- 알루미늄, 볼, 가벼운 그릇, 유리그릇을 배치한다.

- 스펀지 재고를 비치한다.

- 믹서기 등 작은 주방가전의 수납이 가능하다.
- 주방의 전기줄은 매직테이프로 고정하거나 타이 등을 이용하여 묶는다.

싱크대 아래 공간

- 조리기구나 미네랄 워터를 배치한다.
- 식칼, 도마, 소쿠리 등 물 주변에서 사용하는 물건을 배치한다.
- 뚝배기, 큰 접시, 볼, 핫 플레이트 등 무거운 물건을 배치한다.

서랍

- 서랍을 상하로 나누어 배치한다.
- 위쪽 서랍에는 커틀러리, 필러, 슬라이서, 젓가락 등을 배치한다.
- 중간 서랍에는 주걱, 행주, 대꼬치, 이쑤시개 등 자질구레한 물건을 수납한다.
- 수저와 나이프는 분리해서 보관한다.
- 병, 캔과 같은 무거운 물건은 아래 서랍에 수납한다.

찬장 수납

- 가장 위쪽에는 유리로 만들어진 그릇을 수납한다.
- 손이 닿기 어려운 높은 곳에는 접객용 식기와 이벤트용 식기를 수납한다.
- 중단에는 커피잔, 글라스, 밥공기, 매일 사용하는 식기를 수납한다.
- 하단에는 보존용기, 도시락 용품, 물병 등 무거운 물건을 수납한다.

오픈 찬장 수납

- 눈높이 정도의 찬장이라면 전자레인지도 수납 가능하다.
- 시선 높이에 가장 많이 사용하는 가전제품을 배치한다.
- 토스터 등 전기를 이용하는 작은 주방 가전제품과 기구도 비치 가능하다.
- 중단은 음식 재료를 수납한다.
- 중단에 건어물, 차, 면류, 통조림 등을 수납한다.
- 아이들 간식과 즉석식품은 중단에 수납한다.
- 냉장고에 넣지 않는 채소도 수납 가능하다.
- 하단에는 쓰레기통도 수납 가능하다.
- 미네랄 워터, 캔커피 등 무게가 나가는 물건을 수납한다.
- 쌀통은 하단부에 수납한다.

냉장고 수납법

근본적으로 음식은 금(金)의 기운을 나타내고 차가운 것은 수(水)의 기운이다. 풍수에서는 금생수의 원리에 따라 수의 기운이 강해진다. 또한 쇠는 물에 의해 더욱 늘어나고 냉장고는 금의 기운을 늘리는 곳이므로 금전운과 밀접한 관련이 있다. 풍수적으로 오행의 상생상극 원리에서 물과 불은 극(剋)의 관계이므로 냉장고는 가스레인지와 먼 곳에 배치되어야 한다.

냉장고는 필요한 식품을 바로 꺼낼 수 있도록 정리하는 것이 무엇보다 중요하다. 무엇이 있는지 알 수 없을 정도라면 모두 꺼내어 새롭게 정리하는 것이 좋다.

- 정리가 안 된 냉장고는 돈의 흐름을 방해한다.

- 모든 식품의 유통기간을 확인한다.

- 유통기간이 넘은 음식은 음의 기를 발산한다. 음기가 넘치면 금전운이 나빠진다.

- 생선과 육류를 뒤섞어 보관하면 가족 간의 의견 충돌이 일어난다.

- 야채는 젊음을 상징하는데 오래된 야채를 수납해두면 젊음을 잃는다.

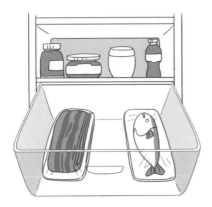

- 생선은 오른쪽에, 육류는 왼쪽에 수납한다.

- 간장과 우유는 떨어뜨려 수납한다.

- 달걀은 생명력의 상징이므로 플라스틱 용기에서 꺼내어 보관하는 것이 좋고, 종이상자에 담겨 있으면 그대로 수납해도 무방하다.

식기 정리

식기는 운의 기초가 되어주는 물건인데 수납 방식에 따라 운의 흐름이 달라진다. 가장 기초적으로는 문이 달린 수납장인지 아닌지에 따라 수납 방법이 달라진다.

특히 유리는 변화의 기를 의미하는데 어두운 곳에서는 수(水)의 기를 가지지만 밝은 곳에서는 화(火)의 기를 가진다. 어느 음식을 담는가에 따라 기를 달라지게 할 수 있다. 너무 조악하거나 싼 느낌을 주는 유리 그릇은 사용하지 않는다.

- 문이 달리지 않은 선반에서 유리컵이나 그릇을 세워 수납할 때는 캔디나 유리구슬을 담아둔다.
- 흙으로 만들어진 물건과 유리처럼 물의 성격을 가진 물건은 같은 칸에 수납하지 않는다.
- 선반에 그릇을 수납할 때는 무거운 것은 아래 칸에, 가벼운 것은 위 칸에 위치한다.
- 도자기 그릇은 눈높이보다 낮은 칸에, 유리 그릇은 눈높이보다 높은 칸에 수납한다.
- 무거운 접시나 기타 무거운 물건은 아래 칸에 수납한다.
- 볼과 같은 그릇은 눈높이 아래 수납한다.
- 선반에 먹을 것을 두면 자꾸 손이 가 비만의 원인이 된다.

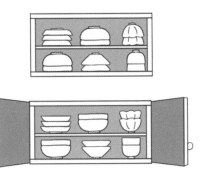

● 문이 없는 수납시설에는 식기를 엎어서 수납한다. 문이 달린 수납시설에는 식기를 바로
세워 수납한다.

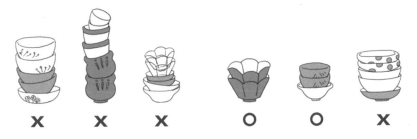

● 식기를 포갤 때는 두 세트까지만 가능하고, 가능한 포개지 않는 것이 좋다.

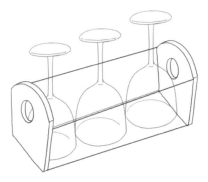

● 목이 긴 글라스는 케이스를 만들어 수납한다.

- 서랍이 여러 개 있다면 칼 종류는 왼쪽에 수납한다.

- 오른쪽 서랍에는 런천미트, 코스터, 식탁보, 오븐용 장갑 등을 수납한다.

- 서랍이 위아래로 배치되어 있으면 수저가 위쪽이다.

- 글라스와 컵은 높이가 다르므로 세로로 1열로 맞추어 수납한다.

- 같은 아이템이라 해도 늘 사용하는 식기와 접객용은 분리하여 수납한다.

- 때로 사발과 같이 위가 넓은 식기는 바로 놓거나 엎어놓기를 반복해서 공간을 축소해 사용한다.

- 중간 접시를 뺄 수 있도록 수납장 상부에 공간이 필요하다.

- 큰 접시는 파일박스에 세워서 수납 가능하다.

- 식기 건조를 위해 매다는 선반도 사용 가능하다.

- 머그잔은 종류별, 사용 시기별로 오픈한다.

- 오픈형에 글라스를 수집할 때는 거꾸로 세운다.

- 손잡이가 있는 컵은 버팀봉을 걸치고 S자 고리를 사용해 걸 수 있다.

- 같은 모양, 같은 크기의 접시는 포개어 수납한다.

- 작은 그릇을 수납할 때는 공간 내부에 ㄷ자 선반을 이용하여 2단으로 수납한다.

조리기구와 도구

조리기구는 주방의 기운에 영향을 미친다. 가장 중요한 것은 조리기구를 어수선하게 늘어놓지 않는 것이다. 조리기구를 싱크대 문 안쪽에 걸어 눈에 띄지 않게 하여 금전운을 상승시킬 수 있다. 조리기구는 동일한 소재와 색상으로 디자인 및 제조된 물건을 선택하여 배치하면 좋다.

주방에서 사용하는 기구나 식기가 식욕에 영향을 미친다. 청색의 조리기구와 식기는 비만인 사람에게 사용하면 식사량을 줄일 수 있다. 반대로 식사량을 늘려야 하는 사람이라면 은은하면서도 붉은 기운이 도는 식기를 사용하면 효과가 있다.

- 조리기구가 다양한 재질로 이루어지면 인간관계에 악영향을 미친다.
- 목재나 철재 조리기구가 좋다.
- 조리기구를 싱크대 벽에 걸면 저축운을 향상시킬 수 있다.
- 돈이 모이지 않는 사람은 도자기류의 주방기구를 사용한다.
- 조리기구를 걸 때는 자루 앞면이 벽을 향해야 한다.
- 걸이기구를 설치할 때는 간격을 두어 조리기구가 겹치거나 부딪치지 않게 한다.
- 조리기구를 벽에 걸 때는 같은 디자인과 재질로 통일감을 주어 기의 흐름을 좋게 한다.
- 음식이나 찌꺼기가 눌어붙은 팬이나 조리기구를 눈높이에 걸어두면 충동구매나 낭비벽이 생겨난다.
- 작은 팬은 걸어서 수납한다.
- 국자, 요리용 젓가락, 집게 등은 손잡이를 아래로 하여 용기에 세운다.
- 국자, 요리용 젓가락, 집게 등은 세로로 뉘여 서랍에 넣어 수납한다.
- 조리용 기구를 수납할 때는 손잡이가 안쪽으로 향하도록 한다.
- 서랍 공간을 분할할 때는 우유팩 등을 사용해 청결하게 유지한다.
- 냄비를 조리대 위에 두면 돈이 새어나간다.
- 눈높이보다 높은 곳에는 큰 냄비나 큰 조리기구를 걸지 않는다.
- 냄비를 눈높이보다 높게 두면 돈 때문에 스트레스를 받는다.

- 냄비는 싱크대 밑에 받침대를 이용하여 수납한다.

- 큰 냄비나 그릇은 눈에 띄지 않도록 보이지 않는 곳에 수납한다.

- 매일 사용하는 조리기구는 꺼내놓아도 된다. 단, 칼은 제외다.

- 세트는 포개어 수납해도 된다.

- 서랍 수납은 종류별, 소재별, 사용 빈도별로 나누어 수납한다.

- 가로로 수납하면 안쪽의 물건을 꺼내기 어려우므로 세로로 수납한다.

- 자주 사용하는 소쿠리는 싱크대 위에 건다.

- 프라이팬 수납이 어려울 때는 파일박스를 이용한다.

- 냄비 뚜껑은 뒤집어 포개 수납한다.

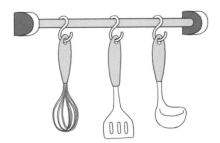

● 벽면에 S자 고리를 이용하여 조리기구를
  걸어둔다.

● 과일을 찍어 먹는 포크는 발포 스티로폼에
  꽂아 서랍에 보관한다.

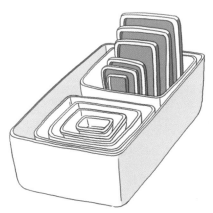

● 밀폐용기는 개수가 많으면 나누어 본체를
  포개고 뚜껑도 따로 모아서 상자에 보관한다.

숟가락, 젓가락, 나이프

부엌의 서랍은 저축운과 관계가 깊다. 나이프와 수저를 함께 보관하면 수저가 가지는 쇠의 기를 나이프가 잘라버린다. 따라서 나이프와 수저는 따로 보관하거나 수납하는 것이 좋은데, 수납공간이 한정되어 있다면 작은 박스나 바구니를 사용해 공간을 분리하면 된다.

공간 분리에 사용하는 박스나 서랍 칸막이는 가능한 플라스틱 소재는 피하는 것이 좋다. 플라스틱은 나쁜 불의 기로서 다른 좋은 기를 소멸시키는 작용을 하기 때문이다.

젓가락은 품위를 나타내는 물건이므로 신경써서 구매한다. 간혹 건강이나 멋을 위해 갈대 젓가락이나 다듬어지지 않은 특이한 나무젓가락을 사용하기도 하는데 건강에는 도움이 될 수 있지만 품위와는 거리가 멀다.

- 숟가락과 젓가락은 왼쪽에 수납한다.
- 숟가락, 젓가락과 나이프는 함께 보관하면 금전운이 떨어지므로 따로 수납한다.
- 나이프와 포크는 함께 수납한다.
- 사용하는 식기와 숟가락, 젓가락은 통일성이 있어야 한다.
- 손님용이나 접대용 숟가락과 젓가락은 따로 수납한다.
- 일회용 나무젓가락은 수납하지 않는다.
- 젓가락은 품위를 나타내므로 지나치게 싸거나 오래된 물건은 사용하지 않는다.
- 싸구려 냄새가 나는 젓가락은 손님용으로 사용하지 않는다.

주방용 칼과 가위

● 칼을 노출시켜 방치하거나 드러나게 수납하면 사람을 해하는 일이 생긴다.

● 식칼이나 주방용 가위는 문 안쪽처럼 보이지 않는 곳에 수납한다.

● 어쩔 수 없는 경우 싱크대 옆에 식칼을 세워서 보관하지만 좋은 것은 아니다.

● 식칼과 주방용 가위는 가스레인지나 전자레인지처럼 불의 기가 강한 곳 곁에는
두지 않는다.

조미료

주방에서 우선적으로 살필 것은 플라스틱 제품이다. 플라스틱 제품은
좋지 않은 불의 기운을 가진 물건으로 금(金)의 기를 흐트러뜨린다. 플라
스틱 통에 조미료를 담는다면 불의 기를 받는 것과 같다. 특히 속이 훤히
들여다보이는 스켈리톤 타입의 플라스틱 제품을 사용한다면 돈의 흐름
이 나빠져 모이지 않고 흩어질 가능성이 높다.

● 조미료 통은 흰색의 도자기를 사용한다.

● 도자기가 없을 때는 투명용기를 사용한다.

● 도자기 조미료 통은 가능한 눈에 보이는 곳에 둔다.

● 싱크대 옆보다 가스레인지 옆이 좋다.

● 유리용기 사용은 인간관계에 효과적이나 금전적으로는 낭비벽을 야기한다.

● 유리용기는 눈높이보다 위에 둔다.

● 나무로 만든 조미료 통은 금전운보다 생명력 상승의 기운이 있다.

● 나무 조미료 통은 가족을 건강하게 만드므로 나이 든 사람이나 아이가 있는 집

에 매우 좋다.

- 작은 용기는 파일박스에 담아 수납한다.

- 자주 사용하는 조미료는 레인지 옆에 내놓아도 된다.

기타 주방용품

- 도마는 청결하게 세워서 보관한다.

- 키친 타이머와 조리용 저울을 눈에 띄는 곳에 놔두면 돈 낭비가 줄어든다.

- 플라스틱 제품은 피한다. 플라스틱은 돈이 모이지 않는 집을 만들기 때문이다.
  부득이 플라스틱을 사용할 경우에는 천을 깐 다음 수납한다.

- 비닐도 금전운을 소멸시키므로 쇼핑백에 넣거나 눈에 띄지 않는 곳에 보관한다.

- 주방에 물이 흥건하거나 늘 물이 고여 있으면 저축의 기운이 사라진다.

- 돈의 흐름을 차단하고 싶다면 패랭이꽃 화분을 놓거나 조명을 밝게 사용한다.

- 설거지가 끝나고 물기가 빠지면 운을 담을 수 있도록 도마를 세운다.

- 수입을 늘리고 싶다면 그릇장 바닥에 초록색 매트를 깔거나 도색을 한다.

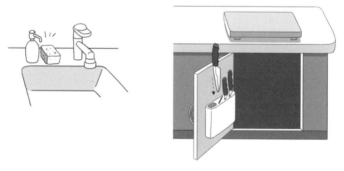

- 도마와 식칼, 세제와 스펀지처럼 함께 사용하는 물건은 가까이 배치한다.
  단, 식칼은 보이지 않도록 찬장 안에 세우거나 꽂아서 사용한다.

- 안전을 위해 무거운 것은 낮은 곳에 수납한다.

- 습기를 피해야 하는 음식 재료는 싱크대와 레인지 상단에 수납한다.

- 박스나 물건을 넣은 포장을 수납할 때는 손잡이를 부착한다.

- 선반 하단에 물건을 놓을 때는 다리가 달린 물건을 놓으면 편리하다.

- 고무장갑은 빨래집게에 걸어서 말린다.

- 행주는 말려서 둥근 곳이 위쪽으로 가도록 세우는 방식으로 수납하여 사용한다.

주방에서 피해야 할 것들

- 숟가락, 젓가락을 지나치게 많이 준비하거나 꺼내놓지 않는다.

- 쓰지 않는 물건을 너무 많이 꺼내어 늘어놓지 않는다.

- 유통기한이 지난 음식이 없도록 한다.

- 수시로 냉장고를 확인한다.

- 모든 수납은 한 번의 동작으로 가능하게 한다.

- **사용하지 않는 식기를 오래 쌓아놓지 않는다.**

● 아깝다는 이유로 사은품이나 잡다한 물건으로 서랍을 가득 채우지 않는다.

다용도실

다용도실은 때로 방이나 침실로 이용되기도 하지만 창고로 이용되거나 물건을 쌓아두는 용도 혹은 드레스룸으로 용도를 변경하기도 한다. 드레스룸으로 변화시키면 그에 어울리는 배치와 용도에 맞는 수납을 하면 된다. 침실로 이용한다면 안방이나 침실에 준하여 배치하고 수납하면 그만이다.

그러나 이 공간이 창고나 수납 전용으로 사용될 때는 생각할 것이 적지 않다. 특히 가전제품과 같은 전기제품을 수납할 때 주의해야 한다. 풍수에서 모든 가전제품은 불의 기를 가지는 것으로 파악한다. 대부분의 가정에는 계절에 따라 사용하는 가전제품, 즉 선풍기나 스토브, 난로가 있기 마련이다. 계절은 운을 파악하는 중요한 요소이므로 이 가전제품의 사용

시기 또한 중요하다.

관리를 잘해도 수납공간에는 먼지가 피어오르고 습기가 생기기 마련이다. 여러 종류의 화학제품을 이용해 습기를 제거하기도 하지만 숯을 배치해 균의 침투를 막고 습기를 막아주는 것도 매우 유용하다. 숯은 냄새를 흡입하고 습기를 빨아들인다. 한지에 싸서 수납공간의 네 모서리에 두면 효과적이다.

가전제품

- 가전제품은 나쁜 불의 기를 지니는 비닐로 싸지 않는다.
- 가전제품을 비닐로 싸면 수납공간 전체의 저축운을 소멸시키고 가족이 불화한다.
- 화학제품으로 만들어진 싸개나 덮개도 좋지 않다.
- 가전제품을 마구잡이로 방치하면 운이 나빠진다.
- 선풍기를 통기성이 나쁜 비닐로 싸면 사회성이 위축되고 인간관계에 문제가 생기거나 애정운이 나빠진다.
- 가전제품은 마나 면 혹은 바람이 잘 통하는 자연 소재의 천으로 싸서 보관하면 좋다.
- 넓은 공간에 수납하는 경우 가전제품은 구석이나 아래쪽에 수납한다.
- 공간 구획을 정하여 다른 물건과 구별하여 수납한다.

사진 수납

앨범이나 사진은 시간의 아이템이다. 가지런하게 시기를 맞추어 정리하면 흐른 시간을 바탕으로 미래의 시간을 강하게 유지할 수 있다. 앨범은 쌓아서 수납하기보다는 세워서 수납한다.

불필요한 사진을 처분할 때는 일반 쓰레기와 분리하여 처리한다. 찢어서 버린다면 인물의 몸체를 찢지 않도록 주의한다. 특히 가족사진의 경우 몸체를 찢어버리면 그 대상의 몸이 약해지거나 건강에 문제가 생긴다.

- 세워서 수납하고 쌓아서 수납하지 않는다.
- 오래된 사진은 왼쪽, 최근 사진은 오른쪽이다.
- 눈높이와 비슷한 높이에 수납하면 기운이 활성화된다.
- 나쁜 인연의 사진은 빨리 폐기한다.

취미도구와 물건

취미도구와 물건은 현관에 보관하지 않는다. 취미에 사용하는 물건이나 도구는 별도로 수납하는 것이 좋다. 수납공간이 부족하여 다용도실을 수납공간으로 사용한다면 낚시도구, 골프용품, 스키, 스노보드, 그밖에 여러 취미도구나 물건은 당연히 다용도실에 수납한다.

문제는 위치다. 이러한 도구와 아이템은 일의 진척을 보여주며 행동력을 보여주는 도구기도 하다. 오래도록 사용하지 않는다고 해도 너무 깊숙한 곳에 숨기듯 수납하면 행동력이 저하된다.

- 여행 가방이나 트렁크는 구석에 수납하지 않는다.
- 취미에 관련된 물건이나 도구는 방문 가까운 곳에 수납한다.
- 레저용품은 다용도실의 앞쪽에 수납한다.

드레스룸이 있는 가정도 있고 그렇지 않은 경우도 있다. 만약 드레스룸이 없다면 안방 침실의 장롱이 드레스룸 역할을 한다. 따라서 드레스룸은 장롱과 수납장의 역할과 대동소이하다.

슈트

옷은 유행을 반영한다. 풍수에서 유행은 시간의 운으로 기회를 말해준다. 어느 정도 유행을 따르는 것은 기회를 잡을 수 있다는 의미다. 또한 옷감이나 소재는 인연이므로 유행에 둔감하다는 것은 인간관계에 둔하다는 의미다.

옷도 버려야 채워진다. 유행을 많이 타 뒤떨어져 보이는 옷이 우선 버리는 대상이며, 2년 동안 입지 않았다면 우선적으로 살펴본다. 일반 쓰레기함이 아니라 재활용 용도로 버려지는 것이 좋다. 양의 기운이 강한 맑은 날에 버리면 악연을 떨쳐버릴 수 있다.

특히 색 구별이 어려우면 계절과 재질을 뒤섞어 수납할 수 있으므로 주의해야 한다. 추운 계절의 옷은 양기가 강하므로 아래 칸에 수납하고, 여름옷은 위칸에 수납한다. 짙은 색은 아래, 옅은 색은 위칸에 수납하여 음양을 맞춘다.

● 정면에서 보았을 때 오른쪽부터 색이 밝은 것에서 어두운 것 순으로 걸어둔다.

외출할 때 입었던 옷은 집에 들어오기 전에 반드시 털어주는 것이 좋다. 옷에 배인 좋지 않은 기운이 집 안으로 들어올 경우가 있기 때문이다. 특히 장례식장에 다녀오면 반드시 옷을 턴다. 따라서 침실 부근에는 가능한 외출복을 두지 않는다.

- 여름옷과 겨울옷, 얇은 옷과 두꺼운 옷은 분리해서 수납한다.
- 여름옷과 옅은 색상의 옷은 위칸에 수납한다.
- 짙은 색상의 옷과 두꺼운 옷은 아래쪽 칸에 수납한다.
- 오른쪽에는 가격이 싼 것, 왼쪽에는 비싼 것을 수납한다.
- 슈트가 작업복이라면 방의 북쪽에서 서쪽의 방위에 수납하면 좋다.
- 캐주얼한 옷은 동쪽에 수납하면 좋다.

셔츠

- 셔츠를 접을 때는 옷의 양쪽 겨드랑이 부분을 뒤로 접고 나서 옷의 중앙 부분을 뒤로 반을 접으면 기운이 분산되지 않아 좋은 기운이 돈다.
- 셔츠를 반으로 접은 상태에서 둥글게 말아 수납한다. 둥글게 말아 수납할 때는 옷의 앞쪽으로 말지 않는다.
- 여행시에는 블라우스나 스웨터 등을 둥글게 말아 리본이나 매듭으로 묶어 수납하여 이동하면 인연의 기운이 상승한다.

● 셔츠를 정리할 때는 잘 접어서 앞쪽이 드러나도록 수납한다.

스커트와 바지

스커트는 남자의 바지와 같은 개념으로 수납한다. 따라서 스커트와 바지는 항상 허리 쪽이 위쪽으로 향하도록 수납한다. 간혹 재봉선이 유지되도록 바지를 거꾸로 걸어두는 경우가 있는데 올바른 수납이라 볼 수 없다.

● 스커트는 허리가 위로 가도록 수납한다.

● 부드러운 소재의 스커트는 개어 의상 케이스에 수납한다.

● 두 군데를 고정시킬 수 있는 옷걸이를 이용해 걸어둔다.

● 접어서 행거에 걸 때는 무릎 부분을 접는다.

● 면바지와 청바지는 개켜서 수납한다.

● 어쩔 수 없이 한 곳만 걸 수 있다면 양쪽에서 접어 들어와 중앙을 걸거나 고정시킬 수 있는 방법을 택한다.

● 스커트는 끈이 달렸다면 홈이 파인 부분이나 철사 옷걸이를 구부려 끈을 걸 수 있게 하여 수납한다.

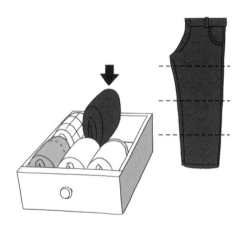

● 바지를 접어 보관한다면 반으로 접고 다시 반으로 접어 앞쪽의 허리 부분이 보이는 방향으로 향하도록 하고, 허리 부분이 안쪽으로 향하도록 수납한다.

속옷

속옷은 직접 피부에 닿는 것이므로 다른 의류에 비해 영향력이 크다.

인연을 바꾸고 싶거나 정리할 것이 많은 사람은 오래된 속옷부터 정리하거나 바꾸는 것이 좋다. 속옷의 수명은 보통 1년 정도다.

풍수지리에서는 음양의 조화를 매우 중요하게 파악하고 배치한다. 풍수에서 가장 이상적인 음양의 비율은 6 : 4로 양의 기운이 조금 더 강하다. 수납장은 물론 모든 공간은 땅에 가까워질수록 음의 기운이 강하고 위로 올라갈수록 양의 기운이 강하다. 옷장의 경우 음양의 기운이 가장 조화를 이루는 곳은 수납공간의 중간 지점이다. 따라서 속옷은 조화를 이룬 중간에서 약간 위로 배치하여 양의 기운을 담아낸다.

속옷을 버릴 때는 화창한 날을 선택하여 깨끗한 종이로 잘 싸서 종이봉투에 담아 버린다. 속옷은 수(水)의 성정을 지니고 있으므로 화(火)의 기운을 지닌 비닐봉지에 싸서 버리지 않는다.

- 옷장 한가운데에서 조금 위쪽으로 수납한다.
- 브래지어 캡은 풍요로운 금전운을 상징하므로 찌그러지지 않게 두 개로 접어 겹쳐 보관한다.
- 속옷은 기본적으로 짙은 색은 바깥쪽으로, 옅은 색은 안쪽으로 수납한다.
- 브레지어는 색이 짙은 것을 바깥쪽에 넣고, 안쪽으로 색이 옅은 것을 수납한다.
- 팬티는 반대로 옅은 색은 바깥쪽으로, 짙은 색은 안쪽으로 수납하는 것이 금전운을 높여준다.

넥타이와 스카프(숄)

남녀 모두 기운은 가슴으로 들어오므로 그곳에 위치하는 넥타이와 스카프는 매우 중요하다. 효율적인 수납은 운을 상승시킨다. 스카프는 넥타

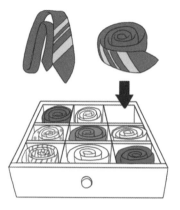

● 넥타이와 스카프는 동그랗게 말아
서랍이나 바구니에 담아 보관한다.

● 스카프나 스톨은 무게를 감안하여 옷걸이에
2~3개까지 걸어 수납한다.

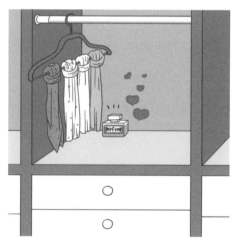

● 스카프(숄)는 소재에 따라 구분하여 수납하고 향수를 함께 넣어두면 애정운까지 상승한다.

이와 수납 방법이 같다.

- 4단으로 접은 다음 말아서 칸막이나 우유팩으로 서랍의 칸을 막은 후 수납한다.
- 운을 상승시키고자 하면 옷장 위 칸에 수납한다.
- 지금 당장 운을 모으고자 하거나 진취적인 행동을 요하면 넥타이걸이를 사용한다.
- 넥타이걸이에 걸을 경우에는 넥타이들이 서로 겹쳐지지 않게 한다.
- 넥타이걸이는 옷장의 왼쪽이 좋다.
- 스카프(숄)도 옷장의 위 칸에 수납한다.
- 스카프(숄)는 짙은 색을 아래쪽, 연한 색을 위쪽으로 수납한다.
- 얇고 두꺼운 것을 구별하여 수납한다.
- 풍수적으로 드라이플라워는 사용하지 않지만 방향제는 사용한다.

양말과 스타킹

양말과 스타킹은 인간관계를 나타낸다. 스타킹은 수명이 매우 짧은 물건이다. 올이 나가거나 터지면 바로 처분한다. 오래된 스타킹을 보관하거나 올이 나간 스타킹을 옷장이나 수납공간에 배치하면 인간관계나 애정운이 나빠진다.

- 양말은 반드시 좌우를 한 세트로 접어 수납해야 하는데 따로따로 흩어져 있으면 인간관계가 나빠지고, 주위로부터 좋지 않은 평을 듣게 된다.
- 오래된 양말을 안쪽에 수납하면 행동력이 떨어진다.
- 스타킹은 돌돌 동그랗게 말아 보관하고, 올이 풀린 스타킹은 바로 버려야 애정

운이 높아진다.

- 심플한 스타킹은 앞쪽으로 수납한다.
- 디자인이 예쁜 스타킹이나 타이즈와 같이 두꺼운 종류의 스타킹, 비슷한 아이템 들은 안쪽에 수납하여 윤기를 조절한다.

벨트

벨트는 허리 주변과 위장의 건강과 관련이 있다. 벨트의 보관 상태에 따라 위장이 영향을 받는다.

- 벨트걸이에 S자 고리를 이용하여 수납한다.
- 남성의 경우나 금전운을 원하는 경우는 둥글게 감아 옷장 중앙 아래 수납한다.
- 여성의 경우나 애정운을 원하는 경우는 벨트걸이를 이용하여 수납공간 오른쪽 에 수납한다.
- 베이직은 안쪽으로, 유행하는 아이템은 바깥쪽으로 수납한다.

모자

풍수에서 머리는 하늘의 기운을 수납하는 곳이다. 머리는 하늘에서 내려온 기를 수납하는 공간의 뚜껑과 같다. 따라서 모자는 하늘의 물건이라고도 하며, 머리를 보호하고 머리가 의미하는 양기를 지키는 역할을 한다.

- 높은 곳에 보관한다.
- 캡이 달렸다면 찌그러지지 않게 관리한다.

가방

풍수적으로는 행동력이 있는 사람이 운을 흡수하는 능력이 강하다고 본다. 가방은 행동력의 상징이다. 따라서 행동력이 있는 사람에게는 가방의 수납과 관리가 매우 중요하다. 특히 가방을 바닥에 두면 허리가 아프고 움직임이 둔해진다. 아울러 행동력을 나타내는 기는 양기에 속하므로 위쪽에 있다.

- 가방은 행동력을 높여주는 아이템이므로 바닥에 닿지 않게 둔다.
- 허리보다 위쪽에 두거나 고리에 걸어 수납한다.
- 경쾌하기를 원하면 호크에 걸어 수납한다.
- 평소 사용하는 가방도 걸어두면 기회를 놓치지 않는다.
- 평소 사용하지 않는 가방도 가능하면 위쪽으로 수납한다.
- 가방은 서북쪽이나 서쪽, 북동쪽에 두되 직사광선이 들어오지 않는 장소에 둔다.
- 평소에 사용하지 않는 가방은 천으로 싸서 보관한다.

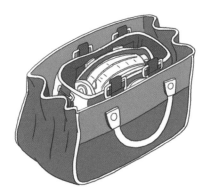

- 큰 가방 안에 작은 가방을 여러 개 겹쳐 넣어 수납한다.

- 사용하지 않는 가방에 물건을 넣은 채로 수납하면 오해받을 일이 생긴다.
- 옷장이나 장롱 위에 수납할 때는 컬러박스를 놓아 수납한다.

지갑

선물은 주는 사람의 기를 전달한다. 운이 좋은 사람에게서 받은 선물은 좋은 기를 전달해준다. 싫어하는 사람이나 거북한 사람이 주는 선물은 나쁜 기를 전달한다. 지갑은 금전운과 관련이 깊으므로 금전운이 좋은 사람에게서 선물 받은 것이 가장 좋다. 지갑을 다른 사람의 눈에 띄는 곳에 두거나 가방 안에 넣은 채로 두면 금전운이 극도로 나빠진다.

- 불의 기운이 머무는 곳에는 절대 두지 않는다.
- 불의 기운을 지닌 전자제품이나 레인지 부근에 두지 않는다.
- 지갑을 주방에 두면 금전운이 사라진다.
- 지갑은 침실 북쪽에 수납하는 것이 좋으며 눈높이보다 낮은 수납공간이 좋다.
- 서쪽 방향의 수납이 무난하다.
- 지갑 운기의 수명은 3년이다. 낡지 않았어도 새로운 지갑으로 바꿔야 한다.
- 검은색과 갈색이 좋고, 겉이 화려하더라도 돈을 넣는 부분은 검은색이 좋다.
- 버릴 때는 검은 종이봉투에 싸서 비가 오는 날에 강이나 호숫가에 버린다.

열쇠

- 방이나 자동차 등의 열쇠는 지갑과 같이 북쪽에 둔다.
- 많은 열쇠를 키홀더에 묶어 보관하는 것은 좋지 않으며, 필요한 최소한의 열쇠

만 가방에 넣어 가지고 다닌다.

인감과 통장

- 인감은 금고나 검은색 계열의 가구에 넣어둔다.

- 인감 끝에 묻은 인주는 닦아서 보관한다. 뚜껑이 달린 인감은 좋지 않다.

- 통장은 방의 북쪽에 있는 수납가구에 보관한다.

- 거래하는 은행과 관련 있는 색깔의 소품을 통장 주위에 배치하면 운기가 상승
  한다.

- 물과 관련 있는 것의 근처에는 두지 않는다.

스포츠 용품

- 현관에 두지 않는다.

- 동남쪽이나 북동쪽에 수납하면 능숙해지거나 재능이 열린다.

- 남성은 북동쪽, 여성은 동남쪽으로 두는 것이 좋다.

신발

간혹 신발을 컬렉션하거나 드레스룸에 신발을 모아두는 경우를 볼 수
있다. 그러나 의류가 있는 곳에 신발을 같이 수납하는 것은 반드시 피해
야 한다. 특히 여성 의류는 수(水)의 기운을 가지는데 주변의 기를 쉽게
흡수한다. 신발은 깨끗한 곳을 다니기도 하지만 더러운 곳을 지나기도 하
고 눈에 보이지 않는 기를 묻혀 오므로 어떠한 경우라도 의류와 함께 수
납하지 않는다.

- 새로 사서 한 번도 신지 않은 신발은 의류와 함께 수납해도 괜찮다.

- 한 번이라도 신은 신발은 신발장에 수납한다.

- 떨어진 신발은 지체 없이 수선하거나 버린다.

선물

이성친구나 사랑하는 사이에는 선물을 주고받는 경우가 많다. 적당한 나이라면 당연히 자신의 방에 보관할 것이다. 그러나 방에 딸린 드레스룸이 있다면 이곳에 보관해도 나쁘지 않다.

- 새로이 교재를 시작한 사람의 작은 선물은 통풍이 이루어지는 바구니에 보관한다(간혹 침실의 동남쪽이나 창가에 보관하기도 한다).

- 새로운 인연의 선물에 감귤향이 나는 향수를 뿌려두면 애정운이 상승한다.

- 오랫동안 교제한 경우의 선물은 목재나 골판지를 이용한 상자에 담아 북쪽이나 햇볕이 들지 않는 곳에 수납한다.

- 오래된 연인의 선물은 북쪽에 서랍장이나 수납공간이 있다면 그곳에 수납한다.

- 오랜 인연의 선물에 복숭아, 라벤더, 장미향을 뿌려두면 더욱 가까워진다.

보석과 액세서리

풍수에서 논하는 오행의 원리에 따라 보석은 금(金)의 기를 지니고 있다. 금의 기는 땅에서 나오는 것이며 물을 생성시켜 그 폭을 넓힌다. 보석을 수납하는 공간은 땅속처럼 어두운 곳이 좋으며, 개방된 곳이라면 수납공간이나 수납 시스템만이라도 어두운 조건을 가져야 한다. 따라서 넓은 곳에서는 서랍이나 수납박스와 같은 기구가 있어야 한다. 보석을 수납하는 공간은 그 위치에 따라 달라지지만 드레스룸이 없다면 공간 내에서 수(水)의 기가 강한 북쪽, 금의 기운을 표방하는 서쪽과 서북쪽이 좋다.

- 보석상자나 서랍은 나무로 만든 제품과 금속제품을 사용한다.
- 플라스틱 수납공간은 피한다.
- 평소 사용하는 보석은 침대 옆이나 화장대 주변에 보석 스탠드를 이용해 걸어도 무방하다.
- 평소 사용하는 보석을 도자기 접시나 향로 안에 보관하면 금전운이 피어난다.

욕실

화장실과 욕실이 한 공간이 되면서 물의 기운이 강해진 상태기 때문에 환기, 배수, 내습이 중요하다. 욕실은 휴식공간의 기능도 있으니 채광과 인테리어도 보강한다. 세면대나 변기는 흰색이나 연한 색이 좋다.

문을 열었을 때 변기가 바로 보이지 않는 게 좋고, 지나치게 큰 거울은 피한다. 물건을 늘어놓지 말고 오픈 수납은 되도록 피한다. 예전에는 욕실 문은 무조건 닫아야 한다고 했지만 신선한 기의 소통이 쉽지 않은 요즘 건축물에서는 습도를 유지하고 기가 흐르게 해주기 때문에 열어두어도 괜찮다.

애완동물 용품 수납

과거와 달리 애완동물을 기르는 가정이 늘고 있다. 과거의 애완동물은 강아지나 고양이 정도였으나 시간이 흐르면서 나날이 그 종류와 가짓수도 늘어나고 있다. 더불어 이웃에 피해를 주는 사례도 늘고, 이로 인해 감정대립을 일으키는 경우도 많아지고 있으므로 주의가 필요하다.

풍수적으로 서북쪽은 가장 강한 기가 들어오는 곳이다. 따라서 화장실의 위치도 서북쪽은 좋지 않다. 애완동물 용품이나 물건도 마찬가지로 서북쪽에 놓아두는 것은 좋지 않다. 집안의 기가 흩어지고 병적인 요소가 유입될 수 있다.

일반적으로 풍수에서 현관은 강한 기가 들어오는 공간으로 인식한다. 따라서 애완동물의 물건은 현관에 노출하지 않는다. 애완동물의 물건을 현관에 두면 나쁜 기가 피어난다. 이러한 기운은 트러블의 원인이 되고 상처를 입기도 한다.

- 애완동물의 용품은 베란다나 화장실에 수납한다.
- 부엌이나 거실에는 두지 않는 것이 좋다.
- 부득이 거실에 두는 가정은 냄새에 신경쓰고 변기는 보이지 않게 한다.
- 애완동물의 물건은 서북쪽에 두지 않는다. 서북쪽은 주인의 영역이다.
- 서쪽은 풍요로움과 관련이 있으므로 역시 서쪽에 애완동물의 물건을 두지 않는다.
- 통기성이 좋은 나무나 종이박스에 수납한다.
- 현관에는 애완견과 관련된 어떤 물건도 비치하거나 수납하지 않는다.

베란다

베란다는 햇볕이 잘 들고 통풍이 잘되기 때문에 식물을 키우기에 최적의 장소다. 실내가 아닌 외부이므로 추위에 강하고 햇빛을 좋아하는 벤자민, 고무나무, 크로톤 같은 식물을 키우는 것이 적당하다.

기타

- 모든 수납에서 플라스틱 박스는 불의 기운이어서 물건의 기를 소멸시키므로 가능한 배제한다. 그러나 어쩔 수 없이 플라스틱 박스를 이용해 수납해야 한다면 종이를 깔아 접촉을 줄여 사용한다.
- 가능한 목재 소재를 사용한다.
- 종이 상자도 목(木)의 소재이므로 나무와 같은 효과를 낸다.
- 간혹 등나무 소재를 사용하라고도 하는데 이는 서양이나 일본식 풍속, 풍수에 해당한다. 우리의 전통 풍수에서 등나무는 결항목(結項木)에 속하므로 사용하지 않는 것이 좋다.
- 금속제나 빛나는 도구는 운기를 부르는 중요한 소도구이므로 정기적으로 손질하고 광택을 잃지 않도록 한다.
- 화장품은 반드시 거울과 함께 보관하며 화장품을 두는 것만으로도 그 방위의 에너지가 올라간다. 다만 직사광선이 들지 않는 장소가 무난하다.
- 사각형의 거울은 북동쪽, 둥근 거울은 서쪽이나 서북쪽, 그밖의 다른 모양의 거

● 새장은 방의 중심이나 출입구 근처에 두는 것이 길상이다. 풍수에서 새장은 행운이 들어오는 소품으로 매우 중요하다.

울은 동쪽이나 동남쪽으로 놓아둔다.

● 수조 가까운 곳에는 반드시 관엽식물을 둔다. 수조를 몇 개씩 설치하는 것은 좋지 않으므로 하나만 설치한다.

● 스토브나 난로, 선풍기 등의 냉난방 기구는 시즌이 끝나면 먼지 등을 청소하여 보관한다. 수납공간에는 숯과 같은 마이너스 이온을 발생시키는 물건을 함께 넣어준다.

사무실

사무실은 업무를 보는 공간이다. 사무실의 수납은 정리부터 시작한다. 사무실의 책상에 쌓인 서류는 업무의 능력이 아니라 효율성을 떨어뜨리는 주범이다. 매일 조금씩 정리하는 게 아니라 마치 축제를 하듯 자신에게 필요 없는 물건을 한번에 과감히 버리고 나서 업무에 매진해야 한다.

미국 대통령이었던 버락 오바마의 책상 위에는 과다한 업무량과는 달리 전화기 한 대와 서류 몇 장만이 놓여 있었다고 한다. 그러나 누구도 오바마 대통령의 업무 능력을 의심하지 않는다. 아이젠하워 미국 대통령도 책상 위를 4등분해 관리하는 '아이젠하워 법칙'을 만들었다. 그는 반드시 한 가지 일을 처리하고 난 후에 다른 일을 처리했다고 한다. 일이 끝나면 종이 한 장도 책상에 남지 않게 하는 것이 아이젠하워의 업무 방식이다.

책상

사무실 책상 정리의 가장 중요한 포인트는 깨끗해야 한다는 것이다. 아이젠하워식 정리법이 가장 유명한 방식인데, 미국 대통령이었던 아이젠하워가 사무를 처리하는 방식이다. 아무것도 없는 빈 책상에 지금 당장 처리해야 할 일거리 딱 하나만 올려놓고 업무를 보는 것이다. 여러 종류의 서류가 책상 위에 널려 있으면 한 가지 업무에 집중하기 어렵기 때문인데 지금 당장 처리해야 할 서류만 놓여 있어 업무의 효율성을 높일 수 있다.

사무실에서 필요하지 않은 개인 물건은 집으로 가져간다. 사무실 책상에 물건을 쌓아두면 난잡해지고 어지러워져 스트레스가 쌓이며 일에도 지장이 생긴다. 한 번에 하나의 서류만 올려놓고 일을 끝낸 후 또 다른 일을 처리하는 방식을 적용하면 집중하여 최대한 빨리 끝낼 수 있을 뿐 아니라 효율성을 높이고 좋은 성과를 낼 수 있다.

책상의 레이아웃이란 물건을 정확하게 배치하거나 놓는 위치를 명확하게 하는 일이다. 구분과 배치만 명확하면 업무에 도움이 된다.

- 문구류 : 매일 사용하는 문구류만 책상 위에 배치한다. 사용하지 않는 문구는 서랍에 정리하여 두고 필요할 때 꺼내 배치한다.

- 컬러 클리어 폴더 : 정해진 규칙은 없다. 임의대로 컬러를 정하여 중요한 순 또는 업무의 순서를 정한다. 각각의 색을 사용할 때는 그 업무의 경중에 따라 정한다. 예를 들면, 빨간색은 가장 중요한 업무와 같은 식이다. 폴더에 견출지를 이용해 텍을 부착하는 것도 좋은 방법이다. 지나치게 많은 색을 사용하면 역효과가 나므로 세 개 정도의 색으로 한정한다.

- 컴퓨터 파일 : 일을 종류별로 분류하고 마감시간을 구분해 일목요연하게 정리해 둔다.

- 탁상 달력 : 일의 효율을 높이기 위해서는 달력이 반드시 필요하다. 지나치게 큰 달력을 사용하거나 앞뒤로 무질서하게 배치하면 비효율적이다. 앉은 상태에서 눈을 조금 돌려 확인할 수 있는 위치에 탁상 달력을 둔다. 메모가 필요하다면 메모 기능이 있는 위클리 플랜 달력을 사용한다.

- 가방 : 출퇴근하며 가방을 들고 다니는 경우가 많다. 때에 따라서는 책상 위에 놓아두기도 하지만 번거롭거나 거추장스럽다. 책상 측면에 거는 것도 좋지만 불편하다면 책상 옆이나 아래에 종이박스를 배치한다. 이곳에 가방을 놓아두거나 필요한 소품을 넣어둘 수 있다.

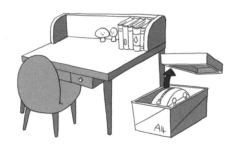

- 쓰레기통 : 업무를 처리하다 보면 반드시 쓰레기가 생긴다. 페이퍼는 절단하거나 폐기하고, 쓰레기는 쓰레기통에 버린다. 쓰레기통의 위치는 서랍을 열고 닫을 때 방해되지 않는 책상 아래 오른쪽이 가장 적당하다. 쓰레기통이 없으면 책상 위가 어지러워진다.

서랍

서랍은 책상 아래 부착하거나 독립된 형식이 있지만 물건을 수납하는 목적은 모두 같다. 서랍은 사이즈와 깊이가 다르기 때문에 용도에 맞는 수납이 필요하다. 무리하게 수납하는 경우 사용이 불편해지므로 편의성을 살펴서 수납한다.

- 서랍의 안쪽은 잘 사용하지 않는 물건을 수납한다.
- 서랍의 바깥쪽은 자주 사용하는 물건을 수납한다.
- 문구류는 쓰임새에 따라 분류한 다음 서랍을 지정해 보관한다. 문구는 위층 서랍이 가장 편하다. 자잘한 물건은 지퍼백을 이용하면 정리도 쉽고 나중에 찾기도 수월하다.

- 트레이에 문구류를 배치할 때는 사용 빈도를 생각하여 배치한다.
- 가운데 서랍에는 사용 빈도가 떨어지는 물건을 수납한다. 대부분 위층 서랍보다 깊이가 있으므로 감안하여 수납하고, 업무에 필요한 참고자료를 배치하는 등 자

유롭게 사용한다.

- 맨 아래 서랍은 가장 깊은 공간을 제공하므로 서류 보관에 용이하다. 서류를 클리어 폴더에 수납하여 서랍에 보관한다. 파일박스를 사용하는 것이 좋은데 두 개를 준비하여 미결, 보류 등으로 나누어 배치한다.
- 지금 당장 해야 할 일을 제외한 나머지 일과 관련한 자료는 종류별, 처리해야 할 순서별로 분류해 각각 클립으로 묶은 다음 책상 서랍에 넣어둔다.

책장

개인 사무실의 경우는 소품과 책을 보관하거나 전시하는 공간이 있기 마련이다. 이를 책장의 기준으로 판단한다.

- 처음부터 수납의 기준을 정하는 것이 좋다.
- 책장 정리는 책 분류에서 시작한다. 주제별, 중요도별, 기호별로 분류하는 것이 정리를 쉽게 하는 법이다.
- 때로 이미 읽은 책인지, 앞으로 읽을 책인지의 기준에 따라 분류할 수도 있다.
- 처음부터 정리가 되어 있지 않고 마구 꽂혀 있다면 분류 기준을 정하고 책을 꽂을 위치를 정한다. 분류와 위치 지정이 끝나면 한 칸씩 책을 빼내어 정해진 위치로 옮긴다.
- 정리를 할 때 욕심을 내 책을 모두 다 빼내서 바닥에 쌓아놓으면 책을 찾기도 어렵고 오히려 정리가 더뎌질 수 있으므로 책장에 꽂힌 상태에서 이동시킨다.
- 책과 책장 칸을 분류할 때 스티커를 활용한다. 읽어야 할 책은 빨간색 스티커, 자주 꺼내 보는 책은 파란색 스티커 등으로 표식을 해두면 쉽게 눈에 띈다. 혹은

이동해야 할 칸에 스티커를 부착하여 표시한 후 이동하면 수납이 편해진다.

● 수납이 끝난 후에도 책장 칸마다 주제별로 다른 색상의 스티커를 붙여두면 책을

찾기가 쉬워진다.

PART
5

좋은 운을
부르는
수납법

금전운을
부르는
수납법

풍수적으로 주택 구조에서 금전과 가장 관련이 깊은 공간은 침실, 주방, 마당이다. 침실은 가정에서 금고 역할을 한다. 돈이란 어두운 곳에 모이기 마련이므로 침실은 약간 어둡게 해야 한다. 건강을 위해 양기가 들어올 수 있도록 햇빛이 들어와야 한다는 이론과는 다른 의미에서 밤에 어둡게 유지될 수 있게 조명이나 전등으로 조절하라는 뜻이다.

마당은 여자, 돈, 건강을 의미하는 공간이다. 마당이 지나치게 습하거나 나무가 가득 들어차면 돈이 들어오지 않는다. 현대 건축물에서는 마당이 없는 경우가 많으므로 거실이 그 역할을 대신한다. 거실이 지나치게 좁거나 물건이 많으면 돈이 모이지 않는다.

주방은 금전운과 직접적인 관계가 있다. 주방의 수납방식을 바꾸는 것만으로도 집에 들어오는 금전운이 크게 바뀔 수 있다. 예를 들어, 싱크대 밑은 물의 기가 강한 장소고, 식품이나 조미료는 불의 기를 갖는다. 물과 불은 서로 상극이므로 물의 기가 강한 싱크대 밑에 식품이나 조미료를 두면 타고난 금전운까지 소멸시키게 된다.

- 마당에 구조물을 세우지 않는다.

- 마당에 돌을 두거나 세우지 않는다.

- 마당은 비워두는 것이 가장 좋다.

- 거실에 수석을 배치하지 않는다.

- 거실에 너무 많은 물건을 두지 않는다.

- 거실 수납은 가능한 없는 듯 물건이 돌출되지 않는 방식으로 한다.

- 거실에는 전자기기가 많으므로 관엽식물을 배치한다.

- 거실에 너무 많은 식물을 배치하면 금전운이 나빠진다.

- **마당에 큰 나무를 심지 않는다.**

- 거실의 수납가구는 면이 깨끗해야 운기가 좋아진다.
- 금전운과 관련이 많은 조미료는 가스레인지 밑에 수납한다.
- 주방에 소형 타이머를 두어 시간을 절약하고 낭비벽을 줄인다.
- 가능한 그릇을 세워 보관하여 금전운이 머물게 한다.

복권의 수납

우리는 간혹 복권을 산다. 꿈이 좋아서 사는 경우도 있고, 우연찮게 여러 모임에서 행사와 행운의 의미로 복권을 나누어주기도 한다. 풍수지리의 개념에서 복권에 당첨되는 것은 나쁜 운이 이어지고 있다가 좋은 운으로 반등될 때라고 본다. 혹은 나쁜 의미에서 기운이 변동될 때라고 본다. 즉, 기운이 좋을 때가 아니라 운의 흐름이 나쁘거나 기운이 떨어지는 시점이다.

기의 흐름이 나쁘거나 운의 변동이 이어질 때는 몸이 아프거나 타인에게 시련을 당하는 경우가 많다. 복권은 그것을 상쇄하는 것이므로 일부를 사회에 환원하거나 주위에 선물함으로써 해소하는 것이 좋다.

복권을 보관할 때 여성은 운을 불러오는 핑크빛 천이나 한지에 싸서 자기 허리보다 낮으면서 남들이 보지 않는 위치에 수납한다. 어수선한 곳에 두거나 수첩에 끼워두면 오히려 역효과가 나므로 조용하고 차분한 곳에 둔다. 남성은 먼지가 쌓이지 않는 곳이면 좋은데 종교적 관점이나 종교성과는 거리가 먼 곳에 두며 수첩은 좋지 않다. 따라서 종교적 색채가 있는 염주 혹은 십자가와 같이 두는 것은 좋지 않다.

건강운을
부르는
수납법

　건강을 유지하기 위해서는 다양한 요소가 필요하다. 기본적으로 건강한 몸을 지니고 태어나는 것이 우선이지만 운동과 식습관 또한 중요하다. 풍수적으로도 건강을 해치는 요소가 적지 않은데 수납도 건강에 영향을 미친다.

　건강운을 높이려면 침구와 식품, 식기 수납에 가장 신경을 써야 한다. 따라서 집의 상태와 수납의 상태를 모두 살펴야 한다. 특히 우리 전통 수납에서 보이지 않는 수납을 최고로 치는 이치를 알고 적극 활용해야 한다. 풍수적인 이치에서 지나치게 돌출되거나 날카로운 물건은 병을 가져오는 것으로 알려져 있다. 가구나 물건을 수납할 때 지나치게 날카롭거나 돌출되는 것은 피하고, 날카로운 것이 있다면 보이지 않게 수납한다.

● 집의 형태가 지나치게 날카로우면 몸에 병이 온다.

- 주변의 집들이 지나치게 높으면 몸이 아프다.

- 주변의 다른 집들이 날카로운 형상이면 몸이 아프다.

- 옆집의 모서리가 찌르고 들어오면 위험하다.

- 도로가 찌르거나 회전하는 바깥쪽이면 건강이 나빠진다.

- 물 소리가 들리면 신경쇠약에 걸린다.

- 거실이나 방에 가구가 지나치게 많아도 몸이 아프다.

- 땅바닥은 음기가 높으므로 이불은 장롱 위 칸에 수납하여 양기를 흡수시킨다.

- 가구가 돌출되거나 손잡이가 크고 불규칙한 모양이면 병이 온다.

- 거실이 지저분하면 여자에게 병이 온다.

- 날카로운 철제 가구나 물건을 전시하면 병이 온다.

- 추상화나 추상적 그림을 벽에 걸면 스트레스가 증가한다.

- 지나치게 큰 그림은 걸지 않고 수납하여 보관한다.

- 날카롭거나 지저분한 물건은 보이지 않는 곳에 수납한다.

가족의 건강을 위한 수납

건강은 가장 중요한 목표며 사람을 윤택하게 해주는 요소다. 수납도 중요하지만 그 이전에 건강을 위해 반드시 지켜야 하는 것들이 있다. 어떤 물건이든지 유통기한이 있다. 풍수적 관점에서 살펴보면 오래된 물건은 음기의 온상이다. 주어진 유통기간이 지나면 건강을 해치고 부정적인 영향을 미치는 음기가 피어오르므로 주의깊게 살펴봐야 한다.

- 식료품은 반드시 유통기한을 확인하라.

- 냉동식품은 식품공학적으로는 기간이 오래되어도 문제가 없지만 풍수적으로는 음기가 많아진 물건이라 본다.

- 냉장고를 정리하지 않으면 여성은 하반신 질병이 온다.

- 냉장고를 정리하지 않으면 남성은 내장 질환이 온다.

- 육류와 생선은 분리해서 수납한다.

- 육류는 불의 기를 가진 식품으로 저온실 왼쪽에 수납한다.

- 생선은 물의 기를 가진 식품으로 저온실 오른쪽에 수납한다.

- 조미료는 불에 가까운 가스레인지 밑에 수납한다.

- 조미료를 물이 가까운 싱크대 밑에 수납하면 물의 기가 조미료가 가지는 불의 기를 소모시키거나 충돌하여 좋지 않은 기로 변화한다.

다이어트를 위한 수납

다이어트는 살을 빼는 것으로 그치지 않고 몸의 조율을 위해서도 필요하다. 또한 다이어트를 해 외모의 운을 끌어올려 인연의 운을 높일 수도 있다. 이런 경우에도 전략적인 수납이 필요하다.

풍수적으로 오래된 물건, 사용하지 않는 물건, 망가진 물건, 어두운 색의 물건은 음기가 머무르는 것으로 파악한다. 상대적으로 새로운 물건, 늘 사용하는 물건, 밝은 색을 지닌 물건은 양기가 피어오른다. 음기는 몸의 신진대사를 떨어뜨리고 양기는 신진대사를 촉진한다. 신진대사가 떨어지면 몸이 붓고 외모가 칙칙해진다. 관상학에서 피부의 색을 논하는 찰색이 흐려지고 탁해지니 외모운이 나빠진다.

아름답고자 하는 욕구를 충족시키기 위한 가장 기본적인 방법은 집 안에 있는 불필요한 것들을 정리하여 음기를 풍기는 물건을 없애고 몸의 신진대사를 촉진시키는 것이다. 특히 잡지와 같은 종이류는 기를 흩트리고 기력을 약하게 만들기 때문에 가장 먼저 정리하고 버리는 것이 좋다. 장화도 사용하지 않으면 과감하게 버린다. 중복되게 보유하여 수납공간을 차지하고 있는 물건은 적당히 비우는 것이 좋다.

가능한 돌출되지 않게 정리하고 문이 달린 수납공간을 배치한다. 풍수에서 돌출된 것은 충(沖)이라 부르는데 찌른다는 의미를 지녀 반복되고 많으면 아프고 몸이 망가진다. 자잘한 소품을 여기저기 늘어놓거나 예쁘다는 이유로 곳곳에 흐트려놓으면 기의 흐름이 나빠진다.

직장운을
부르는
수납법

승진이란 자아의 성장이며 일에 대한 결과 내지는 목표가 될 수 있다. 따라서 진급이나 승진을 위한 욕구는 누구에게나 강렬하며 필요한 것이다. 수납을 통해 승진의 욕구를 충족시킬 수 있다. 수납은 행동력을 증대시키고 올바른 인간관계를 만드는 데 일조한다. 승진을 위해 수납에서 특히 중요한 것은 가방과 명함이다.

- 가방은 행동을 나타내는 아이템이다. 가방 자체의 수납은 물론이고, 가방 안에 있는 물건의 수납도 중요하다.
- 행동력을 높이기 위해서 가방에는 반드시 필요한 것만 넣어야 한다.
- 가방을 수납할 때는 바닥에 닿지 않도록 한다.
- 수납 선반을 이용할 때는 가방을 허리 높이 이상에 수납한다.
- 명함꽂이 안에 다른 사람의 명함을 두면 그 사람의 기운이 영향력을 발휘한다.

- 지위가 낮거나 기운이 좋지 않은 사람의 명함은 꽂아두지 않는다.
- 지위가 높고 인격적인 사람의 명함은 일주일 정도 꽂아두었다가 파일함이나 명함첩으로 옮겨 보관한다.
- 명함꽂이는 동쪽에 벨이나 소형 종처럼 소리가 나는 물건과 함께 보관한다.

전직을 하고 싶다면

변화는 높은 곳에서 시작된다. 특히 명예와 관련 있는 변화는 높은 곳에서 시작된다. 풍수에서는 하늘의 기운을 '양'이라 하고 땅의 기운을 '음'이라 한다. 양의 기운은 학습, 명예, 남자, 기획, 직업에 영향을 미치므로 높은 곳이야말로 명예를 변화시킨다. 따라서 전직을 하고 싶거나 새로운 사업을 시작하고 싶을 때는 높은 곳의 기운으로 변화를 유도할 수 있다.

전직하거나 새로운 사업을 하고자 할 때는 집 안의 높은 곳에 수납된 물건의 상태를 살피는 것으로 예측이 가능하다. 높은 곳의 양기를 의도적으로 조절하여 올바른 변화를 유도할 수 있다. 높은 곳에 불필요한 물건이 가득 쌓여 있거나 먼지를 뒤집어쓴 물건이 가득하면 올바른 변화는 일어나지 않는다. 따라서 높은 곳에 쌓여 있는 물건을 살펴 정리하고 새로이 수납함으로써 새로운 변화를 유도하여 전직의 기회를 잡는다. 낮은 곳의 기는 재물의 변화를 의미한다. 특히 주방의 정리와 수납은 금전운을 증대시키거나 약화시키는 요인이다. 주방의 정리와 정돈이 중요하다.

아울러 행동력을 증대시키는 아이템이 신발이다. 즉시 효과를 보고자 한다면 신발이 중요하다. 행동운이 강하면 좋은 기회를 잘 잡을 수 있는데, 신발이나 가방처럼 움직임의 기가 강한 물건이 행동운을 관장한다. 신지 않는 신발이 많이 쌓여 있거나 신발장이 어수선하면 변화를 인지하기 어렵다.

한정된 공간에 많은 물건을 쌓아두는 것은 풍수적으로 좋지 않은 기운을 만들어낸다. 기가 순환하는 공간이 필요하다. 풍수적으로 사용하지 않거나 오래된 물건은 나쁜 기를 발산할 가능성이 높기에 수납 이전에 정리하여 버릴 것과 보관할 것을 구분해야 한다. 신발장이나 장롱 위는 물론이고 모든 수납장이 마찬가지다.

- 높은 곳에 쌓인 불필요한 물건을 정리한다.
- 책이나 식기, 의류, 이불, 가방 등이 높은 곳에서 먼지를 덮고 있으면 올바른 변화가 일어나지 않는다.
- 장롱 위처럼 높은 곳이 깨끗해야 좋은 변화가 유도된다.
- 오래된 물건이 쌓이면 변화가 약하다.
- 신지 않는 신발을 오래도록 신발장에 놔두면 변화에 둔감하다.
- 오래 신었거나 망가진 신발, 신지 않는 신발은 처분한다.
- 새 신발은 신발장의 중간 아래에 수납한다.
- 평소 신는 신발은 신발장 중간 위쪽 칸에 수납한다.

연애운을
부르는
수납

만혼의 시대라고 한다. 예전과 달리 결혼이 늦어지고 있으며 생산의 기운도 떨어져 점차 아이를 적게 낳는 시대가 되어가고 있다. 그러나 음양의 이치에 따라 이성을 만나고 가정을 꾸리는 것이 인간의 생을 이어가는 방식이다.

만남의 과정도 중요하지만 인연이 이어지면 그 끈을 이어가는 것도 중요하다. 수납이나 정리를 통해서 그 고리를 강하게 할 수 있다. 특히 풍수에서 천이나 옷은 인연을 나타낸다. 또한 근본을 잘 정리하거나 청소법을 통해서도 운을 불러들일 수 있다.

- 욕조나 세면대와 같이 물이 고이는 곳을 청소한다.
- 만남의 기운을 높이려면 의류 수납에 가장 중점을 둔다.
- 오랫동안 입지 않은 옷을 쌓아두면 음의 기가 다른 옷들 속으로 스며들어 새로

운 인연을 가로막는다.

- 어두운 것은 안쪽, 밝은 것은 바깥쪽에 둔다.

- 무거운 것은 아래와 안쪽, 가벼운 것은 바깥과 위쪽에 둔다.

- 특히 맨살에 직접 닿는 속옷이 인연의 운을 증대시킨다. 새로운 인연을 맺고 싶다면 속옷을 새로 구매하여 입는다.

- 속옷을 옷장 한가운데서 조금 위쪽에 수납하면 속옷이 갖는 기운이 강해진다.

전체 운을
부르는
수납

운이 가득한 집을 만들고 싶다는 욕망이 없는 사람은 아마도 없을 것이다. 누구나 좋은 운을 받고 싶고, 행운 속에서 살고 싶어 한다. 그러나 누구에게나 좋은 운이 찾아오는 것은 아니다. 다만 정리와 수납을 통해 좋은 운을 불러들일 수 있다.

행운은 그냥 주어지는 것이 아니라 노력의 대가로 주어지는 것이다. 행운을 주는 풍수적 원리는 간단하다. 애초에 좋은 집의 조건을 가졌다면 행운의 접근은 빨라질 것이다. 그러한 좋은 집의 조건은 철저히 풍수적인 접근이다.

내부적으로도 풍수적인 조건으로 행운에 다가갈 수 있다. 풍수적으로 오래된 물건은 나쁜 영향을 미치는 기를 뿜어내는 것으로 인지되는데 이 기운은 흔히 음기라고 표현한다. 땅에서 피어오르는 음기와는 다른 개념으로 일종의 살기 혹은 나쁜 기를 말한다. 사용하지 않고 오래 둔 물건에는 음기가 깃들어 당신을 불행으로 이끌 수 있다. 필요 없는 오래된 물건을 버리고 필요한 물건만 수납하면 새로운 양기가 행운을 가져온다. 굳이 거창하게 이사를 하거나 집을 리모델링할 필요는 없다. 작은 습관의 변화가 당신이 원하는 운을 가져올 수 있다. 지금 당신의 주위를 살펴보는 것에서부터 시작하자.

- 도로가 정면으로 다가오는 부지에는 집을 짓지 않는다.
- 집을 지을 때는 반드시 지붕을 넣는다.
- 집을 지면에서 띄우지 않는다.
- 집의 몸체는 단정하고 단순하게 짓는다.
- 물소리가 들리지 않는 곳에 집을 짓는다.
- 마당에 큰 나무를 심지 않는다.
- 주변이 너무 높은 집으로 에워싸이면 음기가 피어난다.
- 거실은 발전운을 나타내므로 거실을 청소하여 운을 불러들인다.
- 사용하지 않은 채 쌓아둔 물건이 있다면 음기 속에서 살고 있는 것이다.
- 높은 곳을 깨끗하게 정리한다.
- 장롱이나 장식장 위에 잡다한 물건을 올려놓지 않는다.
- 수시로 청소를 해서 깊은 곳에 숨은 먼지를 제거한다.
- 집 안에 지나치게 화분을 많이 배치하지 않는다.
- 서향인 집은 두꺼운 커튼으로 저무는 해를 가린다.
- 집 안의 색은 가능한 황토색, 미색, 베이지색 계열로 도배한다.
- 현관을 깨끗하게 정리하여 수납한다.

좋은 운을
부르는
청소법

운을
부르는
청소

오래된 물건을 모아두거나 방치하면 나쁜 기운이 쌓이게 된다. 이는 풍수지리의 기본 이치에 속한다. 집을 오래도록 청소하지 않았거나 먼지를 방치하면 나쁜 기운이 쌓인다. 깨끗이 청소하면 새로운 기운이 쌓여 좋은 영향력이 피어난다. 풍수지리에서는 행한 사람이 복을 받게 되어 있으므로 행위자가 우선적으로 그 영향을 받는다. 청소를 한 사람이 우선적으로 좋은 영향을 받는 것이다.

아름다워지거나 애정운을 부르고 싶다면 화장을 하고 예쁜 옷으로 치장하는 것도 중요하지만 세면대와 욕조, 싱크대, 화장실 변기와 같이 물이 고이거나 흐르는 곳을 깨끗하게 청소하는 것이 먼저다. 물의 기는 여성스러움을 관장하고 불러들이는 요소이므로 물을 이용해 몸을 깨끗하게 다듬고 청소를 함으로써 기를 움직이게 된다. 금전운을 부르고 싶다면 주방을 정리하고, 가정의 운을 불러들이고 싶다면 당연히 거실의 수납을 정리하고 청소해야 한다.

행위자의 마음가짐이 운을 불러들인다. 하고 싶지 않은 일을 애써 하면 몸이 아프거나 기분이 나빠진다. 힘든 일도 즐거운 마음으로 하면 개운해지고 기쁜 일이 생겨난다. 운도 어느 정도는 마음으로부터 시작되는 측면이 있다. 마지못해 하거나 누가 시켜 억지로 하면 좋은 운이 반감되거나 따르지 않는다. 즐거운 마음으로 진심에서 우러나와서 하는 청소야말로 운의 상승을 가져온다.

좋은 운을 부르는 청소법

풍수
청소법
—

천연세제를 사용한다

화학세제류는 흉한 기운을 가지고 있어 공간에까지 영향을 미친다. 근본적으로 화학세제는 나쁜 의미를 지닌 화(火)의 기운이다. 풍수적으로 불의 기는 모든 것을 태우며 좋지 않은 영향을 미친다. 청소를 하며 화학세제를 사용하면 나쁜 불의 기운이 집 안 전체로 퍼져나간다. 불의 기운은 열정적인 측면이 있지만 지나치면 타오르는 성분으로 난폭해지고 지나치게 서두르게 된다. 아울러 심장과 소장에도 영향을 미친다. 특히 풍수적으로 불의 기운은 살기로 푸는 경향이 강하므로 때로 아픈 사람이 나오는 이유가 되기도 한다.

화학세제가 일반화된 세상이므로 절대 사용하지 않을 수는 없다. 그러나 되도록 천연재료를 사용하고, 번거롭더라도 도자기류에 담아 쓰는 것이 좋다. 이는 심신을 안정시키고 마음을 편안하게 한다.

물청소를 하라

물은 모든 것을 씻어내는 기운이다. 단, 물청소 후에는 잘 말려야 한다. 청소를 잘하고도 물이 남아 미끄러지거나 다시 오염의 근원이 되지 않게 하는 것이 중요하다.

구석구석 배어 있는 먼지는 나쁜 기를 지니고 있다. 이 먼지와 나쁜 기를 닦아내고 몰아내는 방법으로 물이 가장 유용하다. 오래도록 침착된 묵은 때를 벗겨내는 방법으로도 물이 가장 좋다. 미리 물을 뿌려놓으면 먼지나 때가 불어 청소가 쉬워진다. 진공청소기나 걸레만으로는 닦아내기 힘든 묵은 때도 물걸레로는 닦아내기가 수월해진다.

현관 바닥은 타일로 마감된 경우가 많으므로 물로 청소한다. 기가 집 안으로 들어오는 입구인 현관을 물걸레로 닦으면 기운을 상승시키는 데 도움이 된다. 현관 청소를 깔끔히 하면 주인의 사회생활에도 좋은 영향을 미친다. 또한 매트는 침실의 커튼처럼 기의 필터 역할을 하므로 자주 세탁해 잡다한 기가 묻어 있지 않게 한다. 흔히 청소기로 먼지를 흡입하는 것만으로 청소를 마치는 경우가 많은데 물청소가 새로운 기운을 불어넣어준다.

풍수에서 새로운 물건은 생기가 있는 것으로 정의하는데 물빨래를 통해 깨끗해진 침구에서 새로운 기가 형성되는 것으로 본다. 특히 청소를 할 때는 물에 소금을 조금 풀어 사용하면 좋다. 소독을 위해서는 식초를 조금 희석해서 사용하는 방법도 좋다.

거울을 정면으로 걸지 마라

근본적으로 거울을 많이 거는 것은 좋지 않다. 풍수적으로 거울은 기를 반사시키는 기물이다. 따라서 거울을 걸 때는 신중해야 한다.

가장 나쁜 것은 현관에서 문을 열고 들어올 때 거울이 정면으로 비추는 것이다. 대문이나 현관문을 열고 들어섰는데 정면으로 거울이 보인다면 좋은 기가 안으로 들어가지 못하고 반사되어 사라지게 된다. 따라서 거울은 정면에 걸지 말고 좌우로 걸어야 한다. 거울이 아니라도 반사되는 재질을 이용해 인테리어를 해서 현관에 들어서는 순간 몸이 비추어져 보인다면 거울과 마찬가지로 기가 흩어지게 된다.

예로부터 풍수적인 관점에서 거울은 작은 것을 좋은 것으로 여겼다. 실내에서도 거울은 작은 크기인 것이 좋고, 그 수도 적은 것이 좋다. 가능한 전신이 드러나는 거울은 부착하지 않고, 비스듬히 세우는 거울의 경우 재물이 새어나가게 만들기 때문에 피하는 것이 좋다.

거울을 닦을 때는 위에서부터 아래로 내려가듯 닦는다. 거울이 달린 세면대는 가족 중 여성의 미용에 영향을 준다. 거울이 깨끗해야 미용적인 기를 얻는다. 거울을 닦는 것은 자신을 가꾸는 비결이기도 하다.

전기선과 전선을 정리하라

전선에는 전기가 흐르고 전기는 파장을 일으킨다. 전기는 전기줄을 타고 흐르며 배전반이나 분전반 혹은 콘센트에서 전기를 공급받는다. 전기는 자력선을 만들어내므로 먼지를 끌어모으는 속성이 있다. 아울러 웅웅거리는 소음을 내기도 한다. 신경을 거슬리게 하고 먼지를 끌어모아 거주자의 건강을 해치는 요인을 발생시킨다.

전선은 깨끗하게 정리해야 한다. 지나치게 많은 전선이 드러나는 것은 좋지 않다. 가전제품의 전선이 꼬여 있거나 더러워져 있으면 대인관계가 복잡해질 수 있다. 깨끗하게 닦고 정리도구나 밴드를 사용해서 정리한다.

조명기구를 깨끗이 하라

조명기구는 전기가 모이는 곳이기도 하지만 양기를 생성시키는 곳이므로 늘 깨끗하게 청소한다. 전구가 지저분하면 전등에 빛이 들어와도 밝지 않을 수 있으며 때로는 쌓인 먼지가 날리기도 한다. 불빛이나 전등빛 모두 양기이므로 이상이 생기거나 먼지가 쌓인다면 거주자의 건강에 이상이 오고 가장에게 문제가 발생할 수 있다.

전등이나 스탠드는 집 안에서 햇빛의 역할을 한다. 좋은 기운을 받기 위해서는 전구, 커버의 순서로 조명기구를 닦고, 플로어 스탠드는 다리부터 닦는다.

청소기 사용을 자제하라

청소기 사용에 주의한다. 청소기는 늘 사용하고 생활에 필요한 물건이지만 소리를 내는 단점이 있다. 모터가 달린 모든 물건은 소리를 내는데 이 소리가 인간의 신경을 자극한다. 심지어 수족관의 물소리나 면도기의 전기 소리도 신경을 자극하므로 좋지 않다.

풍수지리에서는 폭포 소리와 같은 물소리는 물론이고 빗물 소리, 냇물 소리, 바람 소리가 모두 신경을 거슬리게 하는 요소로 파악한다. 집 안에서 들리는 모든 소리는 신경에 자극을 일으킨다. 예로부터 물소리가 들리는 곳에 집을 짓거나 묘를 쓰면 부부가 불화하고 형제간에 싸움을 한다고 하였다.

시끄러운 소리가 나는 청소기는 기를 어지럽힐 수 있다. 되도록 요란하지 않게 사용하고 빗자루나 걸레 등도 활용해서 청소한다.

공간별
청소법
—

현관

현관은 기의 출입구다. 풍수에서 현관은 문과 같은 범위에 두어 남자의 공간으로 인식한다. 현관이 지저분하거나 청소가 되어 있지 않으면 남자의 사회생활에 차질이 온다는 것을 암시한다.

현관의 기본적인 청소 방법은 밖에서부터 시작해서 안으로 점진적으로 전개하는 방식이다. 즉, 현관 청소를 하기 전에 집 밖에 해당하는 현관 앞을 먼저 청소하는 것이 순서다. 현관 밖의 청소가 끝나면 현관 안쪽의 문을 닦는다. 하얀 걸레를 이용하여 전실에 해당하는 중문을 닦고 이어서 밖의 문을 닦는다. 하얀색은 변화를 일으키는 색이므로 기운을 끌어올리는 데 제격이다.

문 청소가 끝나면 이어 문고리나 손잡이를 청소한다. 특히 사람이 출입할 때 만지는 손잡이를 청소할 때는 때로 소금이나 식초를 탄 물을 사용하는 것도 좋다. 바닥은 물청소를 하는 것이 좋다. 물청소를 끝내면 물이 남아 있지 않도록 깨끗하게 정리한다. 현관 바닥을 젖은 걸레로 닦아낸 후에 다시 마른 걸레로 닦아내면 좋다. 일이 잘 풀리지 않거나 남자의 일이 꼬일 때는 현관 청소가 일을 풀리게 만들기도 한다.

현관을 청소할 때는 반드시 수납을 확인한다. 기의 통로인 현관에 움직이는 물체를 비치하면 상처가 생기고 사고에 노출되어 곤란해지는 경우가 종종 발생한다. 따라서 움직이는 물건인 유모차, 쇼핑카트, 캐리어, 자전거 등에 유의해야 한다. 움직이기 어렵거나 수납할 공간이 없어 현관 부근에 비치해야 한다면 천으로 만들어진 커버를 씌워 바퀴까지 보이지 않도록 한다.

욕실

욕실은 물의 공간이다. 여성은 수(水)의 기를 가지는 존재기에 물의 기에 민감하게 반응한다. 물의 기는 애정운과 연애운, 대인관계에 미치는 영향이 크며 여성의 피부나 머리카락을 나타낸다. 따라서 욕실에는 스킨케어 제품이나 헤어를 가꾸는 화장품의 수납이 가능하다.

풍수적으로 욕실은 서북쪽을 나타내는 건방에 배치하지 않는 것이 좋다. 이는 서북쪽이 강한 기운이 들어오는 곳이고 남자의 공간이기 때문이다. 풍수적으로 서북쪽은 서재나 공부하는 공간으로서 가치가 있다.

욕실은 물을 사용하는 곳이지만 물때가 끼어 더러워지거나 목욕의 흔적이 남아 지저분해지면 피부와 머리카락에 나쁜 영향을 미친다. 타일을 붙인 지 오래된 욕실은 타일 사이나 벽에 곰팡이가 생기기 쉬운데 이는 피부 트러블의 원인이 된다. 특히 배수구는 오랜 기간 반복된 사용으로 검게 물때가 끼는데 몸의 컨디션에도 나쁜 영향을 미친다. 머리카락이나 피부 찌꺼기가 쌓여 배수가 나빠져도 마찬가지다. 물의 흐름을 나쁘게 하는 파이프를 깨끗하게 세척할 수 있도록 세척제를 사용한다.

세면대는 여성에게 많은 영향을 미치는 중요한 곳이다. 거울의 힘은 매우 강하므로 세면대 위의 거울을 살펴 지저분하게 보이는 물건이나 사물은 정리하는 것이 좋다. 거울을 깨끗이 유지하면 자신을 아름답게 가꿀 수 있고 미용운도 따르게 된다.

욕실은 나쁜 기를 흘려보내기 좋은 곳으로 하루 일과를 마친 후에 샤워를 통해 나쁜 기를 흘려버린다. 욕실은 사용 후 물을 그대로 두거나 물기가 남아 있으면 나쁜 기가 욕실에 배어 부정적인 영향을 미친다. 따라서 사용 후에는 물기를 제거하는 것이 이상적이다. 환풍기구를 사용하여 말리는 것도 좋고 온열기구를 배치하는 것도 나쁘지 않다. 사용 후에 뜨거운 물을 뿌리고 수건으로 닦아내는 것도 좋은 청소법이다.

- 욕실은 환기가 중요하다.
- 습기가 많으면 곰팡이가 생기고 피부에 좋지 않은 영향을 미친다.
- 욕실이 지저분하거나 세면대가 더러우면 연애운이 나빠진다.
- 배수구가 더러워지면 물의 독기가 쌓여 컨디션이 나빠진다.

- 배수구에는 네트를 설치하여 이물질을 거르고 파이프 속을 청소한다.
- 거울은 물때가 끼지 않아야 한다.
- 세면대의 거울은 위에서 아래로 쓸어내리듯 닦는다.
- 아기가 있는 경우 욕실에 둥근 모양의 장난감을 하나만 두어 목욕을 하면서 가지고 논다.

화장실

화장실과 욕실이 같이 사용되거나 인접하여 있는 경우도 적지 않지만 분리하여 사용하는 경우도 있다. 화장실도 욕실과 마찬가지로 물을 많이 사용하는 공간이므로 사용법이나 청소 방법은 크게 다르지 않다.

화장실은 물을 사용하므로 배출구나 타일 사이에 곰팡이가 피거나 물때가 끼는 수가 많다. 욕실과 마찬가지로 물을 사용하고 난 후에 빨리 말리는 것이 가장 중요하다.

- 화장실 청소는 바닥을 깨끗하게 하는 것이 중요하다.
- 물때가 남지 않도록 늘 말려놓아야 한다.
- 배출구의 물때를 제거한다.
- 바닥에서 시작해 위쪽으로 닦아나간다.
- 구석이나 안쪽을 철저하게 청소한다.
- 청소 후에는 변기나 커버도 물기를 제거한다.

주방은 부엌이라는 단어와 이제 거의 같은 의미로 사용된다. 주방은 금전운과 관계가 깊은데 주방을 사용하는 방법이나 청결도에 따라 금전운이 변한다.

옛날 아궁이의 기능이 대체된 물건이 전자레인지와 가스레인지인데 불을 피우는 장소가 더러워지면 금전운이 나빠진다. 전자레인지나 가스레인지 안은 물론이고 주변이나 레인제 자체도 더러워지면 신속히 청소한다. 환기구와 환풍기, 후드, 창문도 금전운과 깊은 관계가 있다. 때가 눌어붙으면 금전운이 약해지고 소멸하므로 자주 청소하고 기름때를 제거하여 금전운을 상승시키려는 노력이 필요하다.

주방의 싱크대는 물을 사용하는 곳이다. 물은 돈을 의미하므로 물때가 끼거나 더러워지면 자금의 흐름이 악화된다. 청결함을 유지한다면 자금이나 금전의 흐름이 좋아질 것이다.

- 전자레인지는 공간의 형태이므로 안쪽에서 바깥쪽으로 닦아낸다.
- 전자레인지를 닦을 때는 화학세제보다 자연세제나 식물세제가 더 좋다.
- 조리기구나 레인지 이곳저곳에 음식물이 눌어붙지 않도록 한다.
- 환풍기 후드가 더러우면 돈이 스치듯 지나쳐버린다.
- 싱크대에 물때가 끼면 초조해지고 충동구매가 일어난다.
- 사용한 식기는 지체 없이 세척하고 수세미도 자주 새것으로 바꾼다.

거실은 토(土)의 기로 충만되어 있다. 흙의 기야말로 토대와 터전 혹은 기초를 의미하는데 이를 풍수적으로는 양기라고 한다. 안정, 가정운, 건강운, 저축운을 관장하고 특히 여자의 행실과 씀씀이를 보여준다.

풍수적으로 기가 모이는 공간은 규칙이 있다. 둥근 형태는 중앙으로 기가 모이고, 각이 지면 모서리로 기가 모인다. 일반적으로 거실은 사각형 형태를 가지는 경우가 많은데 각 모서리에 기가 모이게 되는 것이다. 따라서 거실의 구석에 먼지가 쌓이거나 모여 있으면 가족의 근본적인 토대가 흔들리고 오염된다.

가족의 안정을 위해서는 거실을 어떻게 청소하는가가 중요하다. 거실은 전자기기가 많이 놓여 있으므로 정전기로 기가 형성되고 먼지가 모인다. 따라서 더욱 세밀하게 청소해야 한다. 풍수적 관점에서 살피면 전선이 늘어지면 결항목(缺航木)과 같아 불길한 일이 생기므로 전선도 정리하고 청소한다. 방 안의 조명은 양기를 생성하는 가구로 태양의 역할을 대신한다. 조명이 더러워지면 양의 기를 받아들이지 못하는지 살피고 청소에 신경써야 한다.

- 거실의 구석을 신경써서 청소한다.
- 소파는 편안하게 피로를 풀고 기를 흡수할 수 있도록 정리해두어야 한다.
- 소파와 등받이에는 먼지가 쌓이지 않도록 한다.
- 천 커버를 사용하거나 천으로 만들어진 소파는 자주 세탁한다.

- TV 주변은 전자파로 먼지가 모이는 곳이므로 신경써서 청소한다.

- TV 화면이 얼룩지면 나쁜 기를 받아들이므로 깨끗이 제거한다.

- TV 뒤에 숯을 놓아두면 공기가 정화된다.

- 가전제품의 코드와 전기선이 지저분해지면 인간관계가 복잡해진다.

- 가전제품의 코드는 늘어지거나 노출되지 않게 정리하고 깨끗하게 세척한다.

- 조명은 양의 기구다. 더러워지면 기를 흡수하지 못하므로 늘 깨끗하게 청소한다.

- 조명이나 스탠드는 전구, 커버 순으로 청소한다.

- 키가 크거나 높은 스탠드는 다리부터 청소한다.

침실

사람은 잠을 자며 기를 흡수하므로 근본적으로 좋은 기가 있어야 한다. 풍수에서 지기(地氣)는 생기라 하여 땅속에서 올라오는 것이다. 생기는 바람을 만나면 흩어지므로 잠을 자는 침실이나 방바닥은 땅에 붙어 있어야 좋다. 생기가 무한정 높은 곳까지 미치는 것은 아니다. 과거에는 5층 정도까지를 기가 미치는 높이로 상정했지만, 2000년 이후는 7층까지를 기가 미치는 높이로 상정하고 있다. 근본적으로 지기는 주변에서 자라는 나무 중에서 가장 큰 나무의 높이를 기준으로 하므로 살펴보면 기가 미치는 높이를 예측할 수 있다.

좋은 입지를 풍수에서는 양기라고 한다. 좋은 양기에 집을 지으면 건강한 삶을 보장한다. 근본적으로 기를 타고 집을 짓는 것이 가장 옳은 것이나 쉬운 일은 아니다. 기는 산의 능선을 타고 흐르는 것으로 조선시대 양반들의 가옥을 언덕 위에 짓는 이유가 바로 이 때문이다.

침실은 기가 흐르는 곳이 좋다. 사람은 잠을 자는 동안 기를 흡수하니 기를 탄 침실은 매우 좋은 영향을 준다. 침실은 조용하고 단아한 것이 좋으며 지나치게 꾸미거나 수납공간이 많으면 좋지 않다. 침실이 정리되지 않거나 지나친 수납으로 어수선하면 잠을 자는 동안 나쁜 기를 흡수하게 된다. 운이 나쁜 경우가 그것인데 차라리 아무것도 없는 침실이 좋다. 침대 정리도 영향을 미치므로 늘 정리를 해두어야 하며, 바쁘면 머리 쪽이라도 정리하여 잠을 자는 동안 좋은 기가 머리에 유입되도록 한다.

- 침대에서도 머리 부분은 늘 맑은 기가 머물도록 청소를 해야 한다.
- 자기 전에 베개 놓는 부분을 정리하여 좋은 기가 머물도록 한다.
- 청소기 사용에 신중하고, 가능한 조용히 청소한다.
- 침실 바닥이 마루라면 비로 쓸고 젖은 걸레로 닦아낸다.
- 반드시 마른 걸레로 마무리한다.
- 연애운이나 인간관계를 개선하고 싶다면 핑크 계열의 걸레를 사용하라.
- 침실의 창은 지성의 상징이므로 항상 깨끗하게 관리한다.
- 창틀에 먼지가 쌓이면 대인관계에 금이 간다.
- 창은 밖에서 안쪽의 순서로 청소한다.
- 커튼은 필터와 같으니 계절마다 세탁한다.
- 운이 나쁘다면 벽을 청소한다.
- 벽은 위에서 아래로 닦는다.

- 벽은 어두운 쪽에서 밝은 방향으로 닦아나간다.

- 스탠드의 갓은 먼지가 끼지 않도록 신경쓴다.

- 침대 매트 밑은 놓치기 쉽다. 먼지가 쌓이지 않도록 수시로 청소한다.

- 장롱 밑은 먼지가 모이는 곳이다. 음의 기가 쌓이는 곳이므로 늘 청소해야 한다.

- 장롱 위도 수시로 살펴 청소한다.

컴퓨터 청소

컴퓨터는 정전기가 발생하는 곳이다. 정전기가 발생하는 곳은 늘 먼지가 달라붙기 마련이므로 수시로 청소하여 먼지를 제거해야 한다. 컴퓨터는 정전기나 인체에 해가 되는 전기적 영향 외에도 먼지로 인한 여러 요소 때문에 건강에 안 좋은 영향을 미친다.

전기장치나 전자장치 사용시에 정전기나 전자파 발생은 필수적이다. 전자파가 인체에 영향을 미친다는 사실은 잘 알려져 있다. 그러나 전자파의 범위에 대해서는 그다지 많이 알려져 있지 않다. 전자파는 알려진 바와 같이 인체는 물론 정신에도 영향을 미친다. 따라서 컴퓨터 주변에 전자파를 방어하거나 약하게 만드는 식물을 비치하는 것은 좋은 선택이다. 이때 식물 선택도 중요하다. 잘못 선택하면 전자파 이상으로 나쁜 영향을 미치기 때문이다.

식물을 선택할 때는 몇 가지 주의사항이 있다. 지나치게 잎이 길고 날카로워 칼처럼 보이는 식물은 피한다. 비비꼬인 식물도 피한다. 뿌리가 드러나거나 소나무처럼 침이 달린 잎이나 가시가 있는 것도 피해야 한다. 벽을 타는 식물, 축축 늘어진 식물, 다른 무엇인가를 감고 올라가는 식물, 지나치게 굵은 식물, 많이 구부러진 식물 등도 피한다.

컴퓨터 외관을 청소하는 것도 중요하지만 내부 청소도 중요하다. 컴퓨터 주변의 먼지와 함께 내부의 먼지도 동시에 제거하는 것이 좋다. 또한 직접적으로 일에 필요한 데이터도 정리하자. 수시로 불필요한 메일은 없는지 확인해서 삭제하고 기분 좋은 메일은 보관해둔다. 그러면 메일을 보낸 상대방과 좋은 관계를 유지할 수 있다. 데이터가 많이 쌓이면 기회에 약한 사람이 될 수 있다.

- 컴퓨터 사용시 가능한 일정 거리를 유지하면 좋다(70cm).
- 본체는 사용자의 자리에서 조금 멀리 두자.
- 화면 앞에 전자파를 막는 식물을 배치한다.
- 본체의 모터와 연동되는 부분의 먼지를 제거한다.
- 본체의 팬 부분의 먼지를 제거한다.
- 모니터 화면의 먼지를 제거한다.
- 유리 닦는 순서처럼 위에서 아래로 청소한다.
- 내부도 청소기를 사용해 먼지를 흡입하여 청소한다.
- 관리적 차원에서 메일이나 데이터도 정리한다.

이사를 하게 되면 신경쓸 것이 많아진다. 떠날 때는 그다지 문제가 되지 않지만 새로이 이사하거나 입주하는 경우에는 살펴볼 곳도 많고 청소에도 신경을 써야 한다. 처음 시작이 무엇보다 중요하다.

풍수적으로 터에는 기가 머물러 있다. 그 기는 원초적인 기와 형성된 기로 나눌 수 있다. 원초적인 기는 그 터가 가지고 있는 기로서 지세, 환경, 입지, 터의 이력 등으로 형성된 것이다. 형성된 기는 사람이 살며 형성된 것이다. 주변에 어떤 사람이 살게 되었는지가 영향을 미치지만, 애초에 그곳에 살았던 사람의 기가 남아 영향을 미치기도 한다. 운이 좋은 사람이 살았던 터라면 그다지 문제가 없을 것이다. 그러나 이전에 누가 살았는지 알 수 없거나 누가 살았는지 안다 해도 그 사람의 운이나 기운에 대해 알기는 어렵다. 대표적인 예로 종교인이 살았던 터의 경우가 여기에 해당된다.

원초적인 영향과 형성된 기를 토대로 풍수지리에서는 사람이 살기 어려운 터에 대한 이치가 남아 있다. 사람이 많이 죽었던 터, 사찰이 있던 터, 교회가 있던 터, 기도하던 터, 성문 앞, 관공서 자리, 물이 찌르고 들어오는 터, 계곡 등이다.

공간의 기를 알 수 없으므로 청소를 통해 기의 흐름을 바꿀 필요가 있다. 소독의 개념을 도입하여 청소하는 것이 우선이다. 벽이나 붙박이장 혹은 남아 있는 여러 시설이나 창틀, 화장실, 주방을 소금물로 닦아내어 소독을 겸해 이전 주인의 흔적과 기색을 밀어낸다.

- 이사 청소는 가능한 오전에 하는 것이 좋지만 오후라면 조금 더 신경을 쓴다.

- 소금물을 이용해 청소하고 깨끗한 물로 닦아낸다.

- 화장실에는 소금물을 부어 물이 빠지는 공간도 닦아낸다. 부식이 될 수 있으므로 따뜻한 물을 부어 다시 한 번 흘러내리게 한다.

- 특히 물의 기운은 금전운과 연관이 있으므로 화장실, 욕실, 주방처럼 물을 사용하는 곳은 더욱 신경 쓴다.

- 바닥 재질이 나무라면 왁스칠을 한다.

- 비닐장판이나 대리석은 물걸레로 닦아낸다.

- 향을 피우거나 향수를 뿌려 정화한다.

PART
7

풍수와
길흉화복

풍수란 무엇인가?

—

풍수란 역사며 문화다. 풍수는 일정 지역에 사는 사람들이 올바르고 건강하게 살 수 있는 방법을 모아놓은 삶의 방식이라 할 수 있다. 따라서 각각의 지역과 민족에 따라 그 삶의 방식은 다르게 나타난다. 우리에게는 우리의 삶과 어울리는 방식의 풍수가 있고, 중국인에게는 중국인의 삶에 어울리는 풍수 방식이 있다. 우리에게 익숙한 신토불이(身土不二)도 따지고 보면 풍수에서 나온 말이다.

삶의 방식은 지질, 강수량, 기후, 기온, 산세와 물의 형태 등에 따라 달라지게 된다. 오랜 세월 사람이 살아오며 그 지역에 적응하는 방법, 편안하게 살아갈 수 있는 방법 등을 체득하고 그 방식이나 기법을 모아 만들어진 것이 풍수라 할 수 있다. 사람이 살아가는 방식은 지역에 따라 다르지만 간혹 같거나 비슷한 형태로 나타나기도 하는데 이는 기후와 기온, 강수량, 산과 물의 형태가 유사하기 때문이다. 이와 같은 이유로 각 지역의 삶의 방식이 정해지니 동양에서는 이를 '풍수'라고 하였다. 많은 사람이 '문화'라는 말을 하는데 이것이 바로 과거에는 풍수라는 이름으로 불린 것이다.

풍수는 근본적으로 운(運)을 열어준다. 운이란 인간이 살아가며 부딪치고 다가오는 여러 가지 상황을 말하는 것이니 사람이 살아가는 환경과의 적응이라고 할 수 있다. 따라서 풍수를 일러 개운학(開運學)이라 하였다. 풍수에서 운은 환경에 따라 결정된다고 본다. 좋은 환경에서 산다면 운은 열릴 것이다.

근본은 언제나 중요하다. 아무리 잘 만들어진 물건도 근본이 틀리면 사용하기 어렵듯 풍수도 근본이 잘 갖추어져야 한다. 학문도 근본을 알아야 하고 일도 근본에서 시작해야 한다. 근본을 모르면 아무리 노력을 기울여도 사상누각(沙上樓閣)으로 나타난다. 인간에게 이롭게 하고자 많은 노력을 하고 학습을 하여도 근본이 틀리면 결국 무너지게 된다. 정리정돈을 하여도 근본이 어긋나면 좋은 결과가 나타나지 않는 것이다. 풍수 수납으로 좋은 환경을 만드는 것은 지극히 당연한 일이고 누구나 바라는 것이나 실행 이전에 근본을 충족시켜야 한다. 무조건 수납이란 이름 아래 움직이고 마구잡이로 쌓을 수는 없는 것이다.

바탕이란 사람의 뿌리와 같다. 수납의 기본이 되는 풍수지리야 말로 가장 중요한 요소며 바탕이다. 그 바탕이란 바로 올바른 터를 고르는 것이고, 올바른 집의 형상을 가지는 것이다. 아무리 수납을 잘해도 사람이 살고 있는 터나 집의 모양이 올바르지 않으면 좋은 운을 불러들일 수 없다. 수납 이전에 풍수지리의 충족이 이루어져야 한다.

터를 충족시키고 좋은 집의 모양을 가지고 있다면 내부의 환경을 통해 좋은 기를 축적할 수 있다. 풍수에서 운은 환경에 의해 결정되는 것으로 파악한다. 환경이란 외적인 환경도 있지만 내적인 환경도 있다. 자연적인 환경도 있지만 인공적인 환경도 있다. 환경이란 인간이 살아가며 필요한 의식주는 물론이고 인간에게 영향을 미치는 모든 상황을 말한다. 환경이 풍수적인 원리에 따라 정리되고 배치되어 있다면 운을 받으니 운 좋은 사람이 될 것이고, 그렇지 못한 사람은 주변 환경이 정리되지 못하여 좋은 영향을 받지 못할 것이다.

풍수를 달리 환경학이라 부르는 이유는 주변 환경에 의해 영향을 받기 때문이며, 이 환경은 사람에 의해 조성되거나 바뀔 수 있다. 결국 사람은 스스로 좋은 환경을 만들어 좋은 기운을 받는 것이다. 따라서 풍수란 좋은 기를 얻어 운을 여는 학문인 것이다.

풍수지리적 측면에서 가정을 이루는 집이 올바른 터에 자리하고 사람에게 운을 주는 집의 모양을 가지고 있다면 수납이 덜 되어도 운은 따른다. 반면 아무리 수납을 잘하고 정리정돈이 말끔하게 이루어져도 풍수적인 요소가 나쁘면 운이 따르기 어렵다. 따라서 수납 이전에 풍수를 따져야 하는 것이다.

풍수의
역사

―

혹자는 풍수의 역사가 대략 4000년이라고 주장한다. 아마도 이 주장은 역사적 유물인 문자, 기호, 흔적을 바탕으로 한 것으로 보인다. 그러나 엄밀히 풍수는 인간이 지구상에 거주하며 시작된 것이므로 인간의 역사가 바로 풍수의 역사다. 인간은 태어나면서부터 생존을 위해 많은 노력을 했다. 기후를 이겨내기 위해 노력했고 맹수로부터 자신을 돌보기 위해, 적으로부터 가족과 부족을 지키기 위해 노력했으므로 이 모든 것이 풍수로 집약되었다.

차가운 바람을 피해 살아야 했으므로 바람이 불어오는 방향에 나무가 숲을 이루거나 산으로 막힌 지형을 찾아 터를 잡았고, 맹수를 피해 동굴을 찾아 살았다. 집을 지은 후에는 방어를 위해 울타리와 목책을 설치했으며 결국 성을 쌓게 되었다. 주거지는 양택으로 발전하여 거주성을 확립하였으며, 오랜 시간이 흐르면서 기후와 온도에 적응하고 인간의 쾌적한 생존을 위한 양택 문화와 음택 문화가 성립되었다. 이 모든 것을 '풍수지리'라고 부른다.

풍수지리는 단순히 집을 지은 것으로 그치지 않고 성벽을 쌓고 궁궐을 지었으며 묘자리를 찾을 때도 활용되었다. 또한 오래도록 지배자를 위한 학문으로 이용되었으며 이제는 모든 사람이 적용하는 학문이 되었다. 풍수지리는 이 땅에 사는 사람의 역사고 전통이며 사람이 사는 방식을 집대성한 것이다. 인류가 만든 학문 중에 가장 오랜 역사를 지닌 학문이며 지역의 문화를 대변한다.

풍수의 기본 사상

음양오행

  풍수지리는 폭이 한없이 넓은 학문이지만 그 기본 사상은 음양오행(陰
陽五行)이라 할 수 있다. 음양오행설은 동양 학문의 가장 기본적이고 근
본이 되는 이론이다. 자연의 모든 현상을 음양(陰陽)의 원리로 설명하는
음양설과 만물의 생성소멸(生成消滅)을 목(木), 화(火), 토(土), 금(金), 수
(水)의 변전(變轉)으로 설명하는 오행설을 합해 음양오행이라 한다.

  음양은 우주생성(宇宙生成)의 이론과 깊은 관련이 있으며, 인간을 비롯
하여 모든 만물과 현상에 따른 흥망성쇠(興亡盛衰)가 음(陰)과 양(陽)의
원리로 구성되어 있다는 사상이다. 이 같은 이치에 따라 모든 만물은 상
대적인 가치를 지니게 된다. 음양은 하늘과 땅, 남자와 여자, 움직임과 움
직이지 않는 것, 밝음과 어둠, 크고 작음, 높고 낮음, 맑고 탁함, 아름답고

추한 것처럼 대비가 되는 것을 말한다. 음양은 서로 대립과 균형을 이루며 어느 하나의 기운이 지나치게 많거나 적다면 균형은 무너지게 된다.

모든 사물은 음양으로 구성되어 상대적인 조화를 이룬다. 음양은 상극(相剋)이며 상대적인 개념으로 배합(配合)하고 보완하여 조화를 이룬다. 양택의 구성에도 음양이 구분되어 대문은 항상 양의 기운을 지니며, 상대적으로 음의 공간은 정원이 차지한다. 따라서 대문은 남자의 기를 지니며 정원은 여자의 기운을 지닌다. 정원이 없는 아파트와 같은 건물은 음이 부족한 가상이다. 음택에서도 산은 움직이지 않으니 음이고, 물은 움직이니 양에 속한다.

음양은 그 균형과 조화가 아주 중요하다. 음양이 깨지면 거주자의 몸에 무리가 온다. 특히 음기가 강해지면 병에 노출되기 쉽다. 따라서 필요 이상의 음기가 몸에 쌓이지 않도록 해야 한다. 또한 음의 기를 노출하고 발산하는 물건은 사람의 건강을 해친다. 음의 기는 달리 살기라 부르고 양기는 생기라 부르니 생명력이 넘치는 기운인 양기를 많이 불러들여야 건강하다. 물건은 새것일수록 생기가 왕성하고 오래된 것일수록 음기가 강해지니 수납에 반드시 참고한다.

사람은 주변으로부터 기를 받는다. 주변에 음기가 가득하면 음기에 노출되어 병이 올 것이며 양기가 가득하면 몸이 건강해질 것이다. 따라서 음기를 형성하거나 노출하는 물건을 멀리하거나 배제하는 것이 건강을 지키는 지름길이다.

동양철학에서 우주의 본원(本源)은 서양에서 에너지(Energy)라 부르는 기(氣)다. 기(氣)는 사람이 먹어서 얻는 기(氣)가 아니고 원초적이고 본원

음양의 속성

	양(陽)	음(陰)	양(陽)	음(陰)
물질적 또는 정신적	단단한다	부드럽다	밝다	어둡다
	유정물(생물)	무정물(광물)	활발하다	침체적이다
	여름철	겨울철	봄철	가을철
	나무	암석	불	물
	남자	여자	소년(少年)	노인(老人)
	희망(希望)	절망(絕望)	미래(未來)	과거(過去)
	시간(時間)	공간(空間)	기쁨	슬픔
	지혜(智慧)	우치(愚痴)	정령(精靈)	사귀(邪鬼)
	부자(富者)	빈자(貧者)	시작(始作)	종말(終末)
	얼굴	뒤통수	등 부분	배 부분

적인 에너지다. 즉, 지구가 존재한다면 언제나 피어나는 에너지인 것이다. 현재는 두 개의 글자를 하나의 의미로 통합하여 포괄적으로 '기(氣)'라 표기한다.

음양과 오행은 분리된 학문이나 복합적으로 적용하는 경우가 많고, 음양이 발달하여 오행으로 분화되었으므로 음양오행이라 부른다. 음양의 개념만으로는 만물의 변화를 설명할 수 없다. 오행(五行)은 목화토금수 5원소의 성질을 취하여 변화를 설명하는 이론이다. 오행은 모든 사물과 물질을 다섯 가지 요소로 해석하는 것으로, 행(行)은 돈다는 것을 의미한다. 역행(逆行)이든 순행(順行)이든 움직이는 것은 서로 영향을 미치니 오행은 모든 만물이 움직이며 서로 영향을 미쳐 생성되고 변환되는 것을 의미한다.

일반적으로 목(木)은 나무와 나무 재질 혹은 나무의 성분으로 만들어진 것이며 푸른색을 의미하고, 화(火)는 불길의 기운을 뜻하니 현대적인 생활에서 플라스틱으로 만들어진 물건의 기운이나 밝은 기운을 지닌 유리

오행의 속성

구분	목(木)	화(火)	토(土)	금(金)	수(水)
자연	화초(花草), 섬유(纖柔)	태양(太陽), 화(火)	답(畓), 전(田)	금속(金屬), 철물(鐵物)	강(江), 호수(湖水)
천간	갑(甲), 을(乙)	병(丙), 정(丁)	무(戊), 기(己)	경(庚), 신(辛)	임(壬), 계(癸)
지지	인(寅), 묘(卯)	사(巳), 오(午)	진술(震戌), 축미(丑未)	신(申), 유(酉)	해(亥), 자(子)
숫자	3, 8	2, 7	5, 0	4, 9	1, 6
색상	청(靑), 녹(綠)	적(赤)	황(黃)	백(白)	흑(黑)
방위	동(東), 동남(東南)	남(南)	동북(東北), 서남(西南), 중앙(中央)	서(西), 서북(西北)	북(北)
계절	춘(春), 춘분(春分)	하(夏)	사계절(四季節)	추(秋), 추분(秋分)	동(冬)
기운	생기(生氣)	열기(熱氣)	지기(止祇)	살기(殺氣)	냉기(冷氣)
의미	생성(生成), 시작(始作)	기쁨, 열정(熱情)	중간(中間), 정지(停止)	완성(完成), 추수(秋收)	침(沈), 묵(默)
오상	인(仁)	예(禮)	신(信)	지(智)	의(義)
동물	청룡(靑龍)	주작(朱雀), 날짐승	등사(螣蛇)	백호(白虎)	현무(玄武)
가족	장남(長男), 장녀(長女)	중녀(中女)	노모(老母), 소남(少男)	노부(老父), 소녀(少女)	중남(中男)
팔괘	손(巽), 진(辰)	이(離)	간(艮), 곤(坤)	태(兌), 건(乾)	감(坎)
질병	간(肝), 담(膽)	심장(心腸), 소장(小腸)	위장(胃腸), 비장(脾臟)	폐장(肺腸), 대장(大腸)	신장(腎臟), 방광(膀胱)
소리	각(角)	징(徵)	궁(宮)	상(商)	우(羽)

와 화학성분으로 붉은색을 의미한다. 토(土)는 흙을 뜻하니 화분이나 도자기처럼 흙으로 만든 그릇과 황토색을 의미하며, 금(金)은 금속이나 둥근 형태의 물건과 비철금속을 포함하고 흰색이다. 수(水)는 어두운 장소를 의미하며 대표적인 물상으로 검은색이 해당된다.

오행은 상극과 상생관계에 있어 조화를 이루어야 하며 배치의 묘미를 잘 살펴야 한다. 목은 화를 생하고, 화는 토를 생하며, 토는 금을 생하고, 금은 수를 생하며, 마지막으로 수는 목을 생하도록 하는 것이 상생의 관계다. 물건을 배치할 때는 이와 같은 상생의 원리에 따른다.

상극의 관계 또한 무시할 수 없다. 목은 토를 극하고, 토는 수를 극하며, 수는 화를 극하고, 화는 금을 극하고, 금은 다시 목을 극하는 관계다. 즉, 물건을 서로 가까이 배치할 때는 형상과 색을 구분하여 배치하는데 상극의 관계는 피한다.

양택삼요결

풍수지리의 근본은 올바른 터를 정하는 것이다. 아무리 인테리어를 적용하고 정리하며 수납을 잘한다고 하여도 사람의 거주지가 올바른 터에 있지 않으면 좋은 기도 나쁘게 변하고 살기로 변하는 법이다. 정리를 잘하고 효율적으로 버리며 수납을 하는 것은 적극적인 풍수 적용에 해당하는 것이나 근본은 아니다. 근본은 좋은 터에 좋은 가상을 짓는 것이다. 좋은 형상의 집을 지음으로써 근본적으로 좋은 기를 불러들이는 것이다.

집을 지을 부지의 길흉을 판단하는 방법에는 산세의 흐름으로 판단하는 형기론(形氣論)과 패철(佩鐵)을 이용해 땅의 지기를 판단하는 이기론(理氣論)이 있다. 어떤 이론을 주로 적용하더라도 두 이론을 종합 내지 통합시켜 복지(福地)를 선정해야 한다. 궁극적으로 형기론으로 대세를 결정하고 이기론으로 세부적인 요소를 충족한다.

양택의 부지는 배산임수(背山臨水)의 지형이 선호되는데 조망권, 일조량, 배수, 통풍에서 유리하다. 수맥이 지나가는 곳이나 습지, 날카로운 암반이 박힌 부지는 흉지다. 수맥이 지나가면 균열, 건물침하, 붕괴의 위험이 있고 수맥파의 영향으로 질병에 시달리기도 한다. 토색(土色)이 밝고 잡석이 적은 곳이라면 수맥이 적다.

뒤로는 산이 있고 앞으로 강물이 흐르면 좋은 부지다. 산으로 둘러쌓이면 기가 보호되고 기후가 조절된다. 바람이 직선으로 다가오는 계곡과 벼랑 아래, 도로의 막다른 곳도 흉하다. 토색에 앞서 지세부터 파악해야 한다.

예로부터 건물의 배치가 일(日), 월(月), 용(用)자 모양이면 길하고, 공(工), 시(尸) 모양이면 흉하게 보았다. 글자가 지니는 의미도 중요하지만

수맥(水脈)이 지나가는 곳이나 습지 그리고 날카로운 암반이 박힌 흉지는 피해야 한다. 수맥이 지나가면 건물이 침하되거나 붕괴될 위험이 있고, 암반이 박힌 곳은 날카로운 예기에 사람이 다친다.

공간활용과 일조량도 관계가 있다. 예로부터 밝을 명(明) 모양의 배치가 가장 길하다고 했다. 시(尸)와 같은 배치는 사람이 목을 매고 죽고 끔찍한 일이 생겨난다고 보았다.

건물의 좌향(坐向)은 공기 흐름을 파악하여 최적의 상태를 유지하도록 정해야 한다. 건물의 좌향이 주산(主山)을 바라보면 흉하다고 하였는데 주산이 지나치게 높아 거주자의 앞길을 막는다고 생각했기 때문이다.

지기(地氣)와 천기(天氣)가 쇠약하면 비보(裨補)를 한다. 음택에서는 지기를 다루므로 비보의 효과가 크지 않으나 양택에서는 살아 있는 사람을 대상으로 천기를 파악해야 하므로 적절한 비보가 삶에 도움이 된다.

좌향을 중시하는 것은 바람과 물의 순환을 파악하여 좋은 기를 선택하고자 하는 목적 때문이다. 관념적으로 남향집은 지세적(地勢的), 지형적(地形的), 계절적(季節的)이다. 그러나 양택의 기준은 단순히 남향이 아니라 남향의 조화를 이룬 집이다. 즉, 배합이 된 복가(福家)이며 남향을 향한 집이다. 남향이라 해도 배합을 이루지 못하면 복가로 보기 어렵다.

바람도 중요하다. 바람이 한 방향에서 계속 불어온다면 수분이 증발해

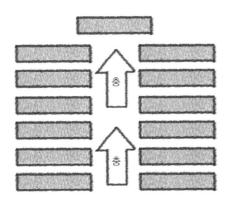

바람이 다가오는 계곡의 끝이나 도로의 끝도 매우 흉하다. 바람으로 인해 병이 생기고 재산이 흩어진다.

지세가 부족하면 비보한다. 나무를 심거나 망부석이나 장승을 세우고 절을 지어 지세를 보완하는 행위는 전통적인 비보풍수에 해당한다.

도끼로 찍은 듯 파인 곳으로 불어오는 팔요풍은 음택과 양택을 가리지 않고 영향을 미친다.

마을의 이상적인 입지는 뒤로 산을 등지고 앞으로 물을 바라보는 배산임수의 지형이다.

초목이 말라죽으며 사람은 풍병(風病)을 앓게 된다. 바람과 물의 흐름을 파악하여 좌향을 선택하다 보면 북향도 마다하지 않는다. 산이 남쪽에 있다면 당연히 북향이 될 수밖에 없다.

흙집에서 한 방향의 흙이 떨어져 나갔거나 음택에서 어느 한 방향만 잔디가 말라죽은 것을 볼 수 있다. 이것은 한쪽 방위에서 바람이 줄기차게 불어옴을 뜻한다. 주위를 살펴보면 도끼로 찍은 것처럼 파인 산자락을 볼 수 있는데 흔히 팔요풍(八曜風)이라 부르는 바람이 스며든 증거다.

배산임수의 입지에서 마을을 가로지르거나 돌아 흐르는 물은 활용과 배수에 좋으며, 남향인 배산임수촌은 일조량이 풍부하여 이상적 입지로 볼 수 있다. 반드시 남향이 아니어도 산을 지고 물을 바라보는 입지는 전국의 공통된 마을 배치에 해당한다.

주택은 생기를 타야 한다. 생기는 공기 중에서 바람과 함께 움직이며 사람의 신진대사를 원활하게 하고 사고력이나 활동력을 증가시키는 기운이다. 주택의 배치 방법에 따라 생기의 종류가 달라지는데, 어길 수 없는 가장 기본적인 배치가 바로 양택삼요결이다.

배산임수

우리나라 전통 촌락의 대부분은 뒤에는 산이 있고 앞에는 하천이 흐르는 곳에 위치하는데 이를 배산임수(背山臨水)라 한다. 배산임수의 촌락 형성은 우리 조상이 자연환경과 조화를 이룬 대표적인 사례다.

풍수지리에서의 길지(吉地)란 산지나 구릉이 에워싸고 낮은 곳으로 하천이 흐르는 곳이다. 마을을 둘러싼 좌우측을 청룡(靑龍)과 백호(白虎)라

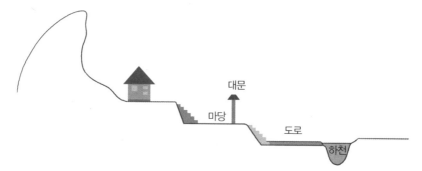

배산임수란 말 그대로 산을 등지고 물이 있는 쪽을 바라본다는 뜻이다. 지면에서 높은 부분에 건물을 짓고 낮은 쪽에 마당을 배치함으로써 물을 바라보도록 하는 배치다.

하는데, 주산(主山)과 안산(案山)이 앞뒤를 둘러싼 사신사(四神砂)의 조건이 갖추어진 지세면 더욱 좋다.

촌락 입지에서 북쪽의 산은 겨울의 찬 북서풍(北西風 : 건해풍)을 막아주고 연료를 제공한다. 앞쪽 하천은 생활 및 농업용수를 제공하며 평지는 농경지로 이용된다. 궁궐과 사찰은 물론 소규모 주택에 이르기까지 대부분의 건물은 배산임수의 배치 방법을 적용했으며, 오늘날에도 가장 이상적인 배치 방법으로 이용되고 있다.

강이나 바다가 보이지 않는 지세에서는 빗물이 흘러내려가는 방향을 낮은 쪽으로 하여 건물을 배치하나 물에 직접 닿는 곳에는 주거지를 피한다. 풍수해(風水害)의 영향으로 발생할 수 있는 병을 예방하기 위해서다.

남향은 한겨울의 매서운 북서쪽 바람을 피하고 볕을 많이 받는다. 산이 하나 솟으면 수십 가지 방향이 나온다. 이 땅의 지형에서 대부분 남쪽 사면에 큰 마을이 들어서지만 반드시 남쪽으로만 마을이 들어서는 것은 아니다.

특히 배산임수의 법칙이 반대로 적용된 집에서 사는 사람은 소인배(小人輩)가 되며 그러한 마을의 경우에는 잡배가 들끓는 흉한 마을이 된다. 이중환(二重煥)이 『택지리(擇里誌)』에 밝혀놓기를 마을을 평가하는 네 가지 구성 요소 중 가장 중요한 하나는 인심이고, 인심은 배산임수에 의해 만들어진다고 하였다. 배산임수건강장수(背山臨水健康長壽)라는 말이 있다. 배산임수의 법칙에 따라 집을 지으면 건강하고 장수한다는 이 말은 배산임수에 역하지 말라는 의미다.

전저후고

전저후고(前底後高)는 곧 산을 등지고 강을 바라보며 집의 앞은 낮고 뒤는 높아야 함을 의미하는데 경사가 지나치게 심한 곳이나 계곡이 깊은 곳은 피해야 한다는 뜻이다. 배산임수는 넓은 의미로 볼 수 있고, 전저후고는 좁은 의미로 볼 수 있다. 배산임수가 국세(局勢)를 논했다면 전저후고는 내당(內堂)을 논한 것이다.

전저후고세출영호(前低後高世出英豪)라는 말도 있다. 건축의 기준으로 본다면 내당의 주 건물은 높이 위치하고 정원과 행랑채는 낮아야 한다. '건물 아래 계단에 정원, 정원 아래 계단에 도로'라는 말을 상기할 필요가 있다.

전저후고라 해도 경사가 급한 곳은 불길하다. 비산비야(非山非野)에서 하당건물(下堂建物)이나 담이 주 건물을 보호하도록 설계되어야 한다. 전국에 산재되어 있는 오래된 사찰(寺刹)이나 서원(書院) 그리고 향교(鄕校) 등은 모두가 이 같은 이치를 따르고 있다. 즉, 가장 아래에 산문(山門)이

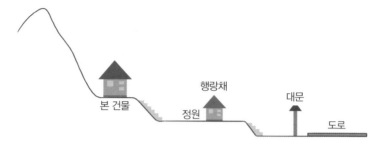

전저후고는 내당(內堂)을 논한 것이다. 내당의 주 건물은 높이 위치하고 정원과 행랑채는 낮아야 한다. 즉, 본 건물보다 낮은 곳에 부속채, 더욱 낮은 곳에 대문과 도로를 배치한다.

있고, 그 다음 높은 곳에 일주문(一株門)이 있으며, 다음 높은 곳은 사천왕문(四天王門)이다. 이 문을 들어서 계단을 오르면 법당(法堂)이 나오는 형식이다.

전착후관

최근 지은 아파트에서 전착후관(前窄後寬)의 개념을 적용한 경우를 볼 수 있다. 즉, 문을 들어서자마자 좁은 통로가 나타나거나 신발을 벗는 공간을 중심으로 안이 보이지 않도록 덧문을 달거나 복도 형식의 좁은 통로를 둔 설계다.

전착후관이란 입구는 좁고 내부는 넓어 안정감이 드는 구조다. 좁은 대문을 통과해 마당으로 들어가거나 현관을 통과해 거실로 들어가는 것과 같다. 앞이 좁고 안으로 들어갈수록 넓어지는 이런 배치는 어린아이의 한복에 매달아 놓은 복주머니처럼 마음이 풍요로워지고 복이 가득 들어오는 구조다.

전착후관의 의미는 공기조화(空氣調和)에 뜻을 둔 것이다. 병균(病菌)과

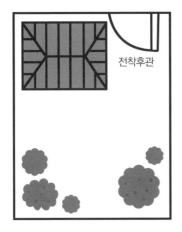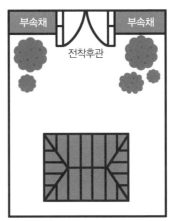

전착후관은 출입구는 좁고 내부는 너그럽고 넓게 배치하는 것이 원칙이다. 대문과 정원, 현관과 거실의 구조를 법칙에 맞게 배치한다. 앞이 좁으며 뒤가 후덕하면 부귀가 산처럼 쌓인다.

정기(精氣) 그리고 생기(生氣)와 사기(死氣)가 섞인 공기가 갑자기 뒤섞이는 것을 방지하고 안정감이 들도록 한다. 아울러 내부의 사람이 외부인의 방문에 마음의 준비를 하도록 하는 공간이다.

전착후관부귀여산(前窄後寬富貴如山)이라는 말은 앞이 좁고 뒤가 후덕하면 부귀가 산처럼 쌓인다는 뜻이다. 전광후착실인도주(前廣後窄失印逃走)라는 말은 앞이 넓고 뒤가 좁으면 명예와 재산을 잃고 도주한다는 의미다. 출입하는 곳이 좁으면서 정원에 들어서면 너그러이 안정감이 들어야 전착후관이다.

사람은 기를 흡수함으로써 운을 개척한다. 운이 좋은 사람이 되기 위해서는 좋은 기를 만드는 환경 속에서 살아야 한다. 정리정돈과 수납은 인간의 노력으로 좋은 기를 얻고자 하는 최선의 방법이다.

풍수지리의 근본은 자연을 이해하고 자연의 기를 마음껏 받아들이는 것이다. 좋은 터를 찾는 것이 제1의 법칙이라면 좋은 집을 짓는 것이 제2의 법칙이다. 좋은 터가 아니고 좋은 가상(家相)을 이루지 못했다면 아무리 실내에 좋은 인테리어를 하고 정리정돈을 잘하고 수납을 말끔히 해도 그 효과는 기대하기 어렵다.

좋은 가상이란 자연의 기를 받아들이는 방법이다. 즉, 하늘에서 내려오는 천기를 모으고 땅에서 피어오르는 지기를 모으는 방법이다. 자연의 기는 인간의 노력과 배치, 수납을 통해 얻는 무엇보다도 값지고 강한 것이다.

지붕

지붕은 천기(天氣)의 통로다. 천기란 양기의 대명사이자 남자를 의미하며 명예, 지식, 지위를 나타낸다. 지붕이란 단순히 비바람을 피하는 구조가 아니라 천기를 보존하고 머무는 곳이기 때문에 고귀함을 나타내는 구조물이며, 양기를 건물의 내부로 유입시키는 기능을 하는 곳이다.

지붕과 몸체와의 사이에 자리한 공간은 천장과 지붕 사이의 공간인 박공을 말하는 것으로 천기를 보존하는 곳인데 집 안에 사는 사람 모두에게 영향을 미친다. 간혹 지붕 안에 다락방을 만드는 경우가 있는데, 기를 보존하는 공간에 사람이 거주하면 좋은 기를 받을 것이라 생각하지만 오히려 기를 모으는 공간이 사라지는 결과를 가져온다.

지붕처럼 보이지만 지붕이 아닌 구조도 있다. 대표적인 것이 바로 슬라브다. 슬라브는 지붕으로서의 가치를 지니지 못한다. 공간을 다용도로 사용하기 위해서 많이 지어진 구조인데 천기를 가두는 공간이 없어서 비를 막을 수는 있지만 지붕의 구조로서는 부적절하다.

건물

땅에서 살아온 조상들은 모든 사물을 심층적으로 분석하고 의미를 부여했다. 건물의 경우에도 삼재(三才)로 분할하였으니 지붕은 천(天), 대지와 방바닥은 지(地), 몸체는 인(人)으로 보았다. 건물의 몸체란 주택의 구성에서 지붕과 대지를 제외한 건물을 말한다. 따라서 정원이나 담장은 제외된다.

건물의 몸체는 다양하여 一형, ㄱ형, ㅁ형, 원형, 불규칙한 형이 있는데, 때로 고옥(古屋) 중에는 ㄷ형, 日형, 曰형, 明형, 用형 등이 있다. 고옥의 경우와 다르게 최근의 집들은 건축법의 테두리를 벗어나지 않도록 설계되고 건축된다. 때로는 외국의 설계법이 적용된 화려하고 심미적인 건축도 적지 않다. 그러나 이러한 집들 중에는 미적 감각을 살리고 있지만 생명력이 부족하고 때때로 흉물스럽기까지 한 경우가 적지 않다. 또한 주변 경관이나 좌향(坐向)만을 고집하여 지은 건물이 많아지고 화려함을 추구하여 날카롭거나 요철이 많은 집들이 산재하고 있다.

건물 몸체는 거주자에게 필연적인 영향을 미친다. 많은 사람이 건물이 사람의 심성이나 환경, 사고에 영향을 미친다는 사실을 무시하거나 모르고 산다. 불규칙하고 날카로우며 요철이 심하고 앞뒤가 없는 건물에서 오래도록 살아온 사람은 세월이 흐르면서 건물의 영향을 받아 성격에 변화가 일어나고 건강이 악화된다. 건물이 사람에게 영향을 미치니 올바른 건물의 형태를 생각하지 않을 수 없다.

바닥

방바닥은 지기(地氣)의 통로라 한다. 땅속에서 흘러나오는 강한 기를 일러 지기 혹은 생기라 부르는데 사람이 살아가며 가장 필요로 하는 기라고 볼 수 있다. 지기는 땅속 깊은 곳에서 솟아오르는 것으로 바람을 만나면 흩어진다. 지기는 건강에 관여하고 있으며 재물의 축적에도 영향을 미친다. 따라서 집을 지으며 바닥이 허공에 뜨는 것은 재물과 건강을 날려버리는 것과 같다.

지기는 여자에게도 영향을 미친다. 천기가 남자의 명예와 지식에 영향을 미친다면 지기는 여자의 건강과 활동력에 지대한 영향을 미친다. 바닥이 뜬 집에서는 여자의 가정생활이 안정되기 어려우니 불안하고 좋지 않은 일이 일어난다. 반드시 집을 설계 또는 구입할 때는 바닥이 땅에 붙은 건물을 선택해야 한다.

PART
8

전통 풍수
수납법

풍수 수납의
기본 배치

—

풍수에서 운은 환경에 따라 결정되는 경향이 있다. 사람의 인생 흐름은 사주팔자에 의해 정해진다는 것이 동양철학을 하는 사람들과 운명철학자들의 공통된 주장이기는 하지만 사실 자신의 운은 생활과 관련된 모든 행동에 의해 만들어진다. 오죽하면 명리학의 오랜 고전인『적천수(滴天髓)』에 사람이 죽고 사는 문제는 풍수에 기인하는 바가 크다고 적어 놓았을까?

주거공간은 사람에게 영향을 주는 운을 저장하는 공간이기에 정리의 잘잘못에 따라 영향을 받는다. 주거공간의 기본은 터와 집의 모양이다. 따라서 운으로 가득한 집을 만드는 것이 올바른 운을 따라가는 지름길이 된다. 행운을 주는 풍수적 원리는 간단해서 운이 흐르도록 해주어야 한다.

오래도록 사용하지 않은 물건을 쌓아두고 있다면 이미 탁하고 차가운 음기 속에서 살고 있는 것이다. 사용하지 않고 오래둔 물건에는 음기가 깃들어 있어 사람을 불행으로 이끌기 마련이다. 따라서 올바른 방법으로 필요한 물건을 수납함으로써 새로운 양기를 보충할 수 있고 결과적으로 행운을 가져올 수 있다. 애써 운명을 바꾸려 하지 않아도 된다. 새롭게 이사를 하거나 집을 헐어내고 새로 짓거나 리모델링을 하자는 것이 아니라 습관의 변화를 통해 좋은 운을 가져오자는 것이다. 그 시작은 올바른 수납이 될 것이다.

예로부터 우리 조상들은 수납에 있어서 일정한 규칙을 정하고 있다. 일제 강점기 이전까지는 이러한 전통적인 수납이 유지되고 있었다. 우리가 모르는 것이라 무시하거나 무심히 지나치기 쉬운데 사실 조상들이 사용하고 지켜온 수납법에는 오랜 시간 쌓아온 경험과 품위가 녹아 있다. 그런데 지금 우리에게 전해지고 교육되어지는 수납과 정리정돈법, 인테리어는 우리 고유의 것이 아닌 것이 더 많다. 일본이나 중국, 홍콩의 풍수에 따른 인테리어가 마치 우리 것인 양 탈을 쓰고 있다. 서구 유럽이나 동양의 여러 풍수 및 그에 따른 수납이나 정리법이 나쁘다는 것이 아니다. 그것도 받아들여 승화해야 하지만 우리의 전통 역시 잊어서는 안 된다.

무게의 수납

가구는 수납을 위한 대표적인 기구다. 공간을 분할하고 효율을 높이는 도구가 바로 가구다. 가구를 어디에 배치하는가는 매우 중요하다.

전통적으로 가구의 수납은 편리성을 위주로 배치하는 것이 원칙이나 그보다 먼저 파악해야 하는 것이 가옥의 구조다. 우리의 전통적인 수납 방식에서는 풍수지리의 이념에 어울려야 한다. 우리 조상들은 수납 방식에도 우리의 땅에 적용했던 다양한 방식을 적용하고 있다. 국가적·국토적인 배치 이념뿐 아니라 개인적으로도 적용 및 사용하는 것이 수납이다.

거국적 배치의 대표적인 것이 전라도 화순에 자리한 운주사다. 운주사의 천불천탑은 우리 국토의 지형을 배로 파악한 도선국사가 배의 중간 허리에 해당하는 호남이 영남보다 산이 적어 배가 기울 것을 염려하고 하룻밤 사이에 이곳에 1,000개의 불상과 불탑을 조성한 것이다. 동해안 쪽으로 강한 기가 모이고 대간이 뻗어 무거우며 둔중하나 서쪽은 가볍고 허약하다. 우리 땅의 서쪽이 허약하고 가벼우니 기가 흩어지고 들리는 현상이 있으므로 비보(裨補)하여 누를 필요가 있다는 것이다.

배치의 묘미는 풍수적인 관점에서 비보풍수(裨補風水)의 의미가 깃들여져야 한다. 주택도 마찬가지다. 어느 곳에 터를 잡아 집을 지어도 허한 곳이 있기 마련이고, 때로는 바람이 들어오거나 풍살(風殺)이나 도로충(道路冲)에 노출되기도 한다. 이와 같은 경우 집 안의 가구로 비보를 한다. 택지를 선정하여 집을 지으면 가구가 필요하다. 다양한 가구가 있으나 가장 무거운 가구를 가장 허한 곳에 배치하는 것이 우리의 전통적인 가구 배치에 해당한다. 허한 곳, 트인 곳, 약한 곳에 가구로 비보한다. 일반적으로 비슷한 크기의 가구들이 주류를 이루지만 다른 가구와 비교하여 크거나 무거운 것 혹은 색이 진한 것을 허한 곳을 향해 배치하거나 설계상 빈약한 곳에 배치한다. 이는 운주사의 배치처럼 무게로써 허한 곳을 누르거나 비보하고자 함이다.

높이 중심의 수납

　조선시대 사람들에게 물건에 대한 인식은 완물상자라 하여 쓸데없는 물건에 집착하지 않는 것이 선비정신이었다. 17세기 중국으로부터 문헌이 들어오면서 사랑방 문화가 자리잡고, 18세기에 문방문화가 꽃피우게 되면서 비로소 선비들은 자신이 원하는 가구를 장인에게 요구하여 제작하는 시대를 맞게 되었다.

　유교 사상으로 인해 생겨난 엄격한 신분질서는 주거에도 영향을 미쳐 신분과 계급별로 건물의 격과 양식상의 차이가 나타나게 되었다. 가사 규제법은 신분에 따라 집의 크기와 높이를 규정하였기 때문에 집에 들어가는 실내 가구의 높이도 제한될 수밖에 없었다. 중국과 달리 이 땅의 가구는 좌식 문화에 어울리게 발달하니 장이나 농의 규모가 작고 키가 낮았다. 나무를 얇게 가공하는 일이 쉽지 않았기 때문에 조선의 가구는 후기에 이르러서야 민간에 보급되었다.

　방바닥에 불을 때는 온돌 구조는 바닥에 앉아 생활하는 평좌(平坐) 생활을 가져왔다. 때문에 천장이 낮고 방의 넓이도 좁아 자연히 작고 낮은 가구들을 벽 쪽에 붙여놓고 사용하게 되었으며, 실내에 사용되는 목공의 소품 또한 이에 알맞도록 기능적이고 작고 아담한 것들이 제작되었다. 이때 만들어진 조선의 가구는 간결한 것이 특징이며 원리는 짜임과 변주다. 가장 많이 사용한 가구는 반닫이고 장롱은 흔치 않았다.

　개략적인 구조를 살펴보면 우리 문화에서 천장의 높이는 대략 218cm 정도인데 조선인의 평균 신장은 164cm 정도였다. 이 당시 가구의 최고 높이를 대략 160.7cm로 잡는다. 이 시기 하지장(下枝欌)의 높이는 89cm, 사람이 앉아 있는 높이를 이르는 좌고(坐高), 즉 앉은키는 대략 75cm 정도였다. 하지장을 빼고 반닫이, 뒤주, 단층장, 단층 버선장, 가께수리, 문갑은 모두 앉은키와 비슷하거나 더 낮았다. 그밖에 책상, 평상, 소반, 경대, 안상은 더욱 낮아 앉은 사람의 무릎에서 배꼽 부위 높이에 해당하였다.

조선의 가구는 간혹 입식 구조에 어울리는 것도 있었으나 대부분 좌식생활에 맞도록 만들어졌다. 따라서 사람이 서 있는 키를 기준으로 그보다 큰 키의 가구는 거의 없었으며, 폭이 좁고 높이를 강조하는 가구로는 장, 농, 탁자류가 있었지만 이 또한 사람의 키를 넘기지 않았다. 사람의 앉은키를 기준으로 한 가구는 폭을 강조하고 높이를 낮게 한 것이 특징으로 문갑, 반닫이류 등이 대표적이다.

조선시대에는 유교의 통치이념이 사회 전반에 강력한 영향을 주어 남녀의 역할이 엄격히 구분되었으며, 한 집안에서도 남녀가 생활하는 영역이 분리되어 각각의 공간 특성에 맞는 목가구를 만들었다. 이러한 생활용 목가구는 좌식생활을 하는 한옥의 구조에 맞게 폭이 좁고 높이가 낮았으며, 일부 여성용품을 제외하고는 대부분 검소하고 단순하게 제작되었다.

장(欌)은 우리나라의 고유한 용어로서 한자로는 수궤(竪櫃), 곧 세우는 궤라고 했다. 조선시대 주택 전반에 걸쳐 가장 많이 사용된 대표적 가구로는 그릇이나 의류, 침구 등을 넣어 두는 수장구(收藏具)가 있다. 수장구는 또 다른 대표적 내실 가구인 농(籠)과 비슷한 형태이나 아래위층의 분리 없이 한 덩어리로 되어 있으며 기둥이 있고 개판을 가지되 몸체보다 좌우로 3~4cm 더 큰 것이 특징이다. 중앙에는 두 짝의 문판을 달아 여러 층의 칸을 만들어 의류를 보관했다.

장은 기본적으로 월자(月字)형을 기본 골격으로 하면서 전면 서재는 나무결의 자연미를 살려 좌우 대칭으로 평형 배열했다. 대개 좌우 양쪽으로 열리는 두 짝의 여닫이문이 달려 있으나 반닫이문 형태처럼 상하로 열게 만든 것도 있으며 문이 각 층마다 달린 것도 있다. 또한 층마다 옷을 집어넣을 수 있도록 빈 공간이 마련되어 있으며 층널은 전체 하중을 지탱하기 위해 두꺼운 판재로 이루어져 있다.

가장 높은 가구가 장과 농이지만 사람의 키를 넘기지 않았다. 이는 편리성을 추구한 면도 있지만 풍수적 관점에서 기를 파악하고 적용한 것이다. 가구라고 해서 다르지 않았다. 하늘은 천기(天氣)를 의미하니 명예고 지기(地氣)는 생기니 재산과 건강을 의미한다. 따라서 장과 농이 아무리 커도 사람의 키를 넘겨서는 안 된다는 것이다. 즉, 사람이 하늘의 기를 받아야 하는데 장이나 농이 커서 기를 가리거나 흩트리고 방해해서는 안 된다는 의미다.

조선시대 우리의 전통적 수납에서 가구를 사용하여 수납하는 것은 별반 다를 것이 없으나 낮은 형태의 수납은 매우 중요했다.

감춤의 수납

안방은 안채의 중심으로서 가장 폐쇄적인 주공간이며 주택의 가장 안쪽에 위치한다. 따라서 외간남자의 출입이 금지되며 남자로서는 다만 남편과 그의 직계비속만이 출입할 수 있었다. 사랑채와 안채 사이에는 내행랑이나 중문간채 등이 있어 공간이 철저하게 구분되었다. 또한 주부의 실내생활 대부분이 이루어지는 공간으로 집안일 중 안살림을 모두 관리하는 생활의 중추가 되는 공간이다. 광의 열쇠나 귀중품이 보관되는 장소며 한 걸음 더 나아가 주부의 권위를 상징하는 장소다.

안손님이 아니면 안채까지의 출입이 제한되었으며 일반적인 접객은 사랑채에서 이루어졌다. 안채는 시어머니와 며느리가 기거하는 건물로 주로 침전 기능을 하는 곳이지만, 여성의 일상생활과 가사일, 취미생활 등은 모두 안채에서 이루어졌다.

안채에서 가장 주목할 만한 곳은 다락이다. 안방에서 문을 내어 들어갈 수 있는 다락은 부엌의 상층부에 자리하는 곳으로 부엌의 천장에 해당한다. 이곳은 부엌의 넓이에 해당하는 면적을 가지고 있으며 안방 주인의 모든 사물을 저장·보관하는 곳이다. 다락은 남편이라 해도 함부로 범접할 수 없는 공간이었다. 표면적으로 많은 물건이 장과 농 혹은 반닫이 등에 보관되는 것으로 여겨지지만 보이지 않는 물건이 더욱 많았다. 이러한 물건들은 하나같이 다락에 수납했는데 이는 여자의 살림살이일 경우가 많았다.

조선시대의 삶의 방식에 대해 우리는 대부분 전통이라는 이름을 붙인다. 풍수도 조선시대의 풍수가 가장 많이 알려져 있고, 근자에도 풍수의 근간은 조선시대의 풍수에서 찾는다. 수납도 마찬가지다. 전통적인 수납의 방식이나 그 의의는 조선시대의 수납에서 살핀다. 그러한 측면에서 눈에 보이지 않게 수납하는 방식은 시사하는 바가 크다.

양반 가문에서 보이지 않는 수납은 일반화되어 있었다. 일반적으로 양반 가문의 안채 안방에서는 보이지 않는 수납이 필요했다. 안방의 측면에 방으로 향한 벽 쪽에 광과 같은 다용도실을 배치하여 수납공간으로 사용하기도 했다. 안방에서는 들어갈 수 있게 문이 있으나 밖에서는 벽으로 보이는 공간이다.

조선시대의 수납 방식 중 가장 중요한 것은 이처럼 보이지 않는 방식의 수납이다. 밖으로 드러나면 안 되는 것, 타인에게 보여주고 싶지 않은 물건들은 이와 같이 다락이나 벽장 방식을 이용하여 수납했다.

전통
수납가구

—

　전통가구라고 하면 조선시대의 가구가 기준이 될 것이다. 이전에도 가구는 있었지만 전해지기 어려웠고, 그 흔적은 남아 있으나 실물은 보기 어렵기 때문이다. 조선시대의 가구는 대부분 나무로 만들어진 목가구다. 목가구는 일상용품들을 주제로 다루며 서민의 생활정서를 반영하고 있다.

　우리나라는 구들을 이용한 거주생활로 평좌식이라는 생활문화를 낳았다. 이 땅의 집들은 벽면에는 낮고 아담한 규모의 장이나 농, 사방탁자, 문갑 등을 배치하여 옷이나 책 등을 보관하며 서안, 연상, 소반 등을 온기가 모이는 방 한가운데에 배치해 이동성 좋게 만들었다. 하나같이 낮은 가구들이다.

　무늬가 좋은 판재를 2~3mm 가량 얇게 켠 후 수축팽창이 적은 잘 마른 오동나무나 소나무 판재를 뒤쪽에 엇갈려 붙여 얇은 부판을 만들고 기둥과 쇠목, 동자 등 힘을 받는 골재에 끼워넣기 위해 쥐벽칸, 머름칸의 면분할 방법을 창안했다.

아사카와 다쿠미가 쓴『조선의 소반 조선도자명고』(학고재)에서는『목민심서』를 인용하여 조선의 장인과 생산방식에 대한 당시 시대의 문제점에 대해 정약용의 생각을 옮겨 적는다.

당시 조선 어떤 지역의 장인들은 대체로 관에 속해 있어 지방 관리가 재료를 공급하고 장인들이 생산하는 방식이었다. 장인들은 유통이나 이득에는 관여할 수 없었지만 품질에 대한 독려는 심했다.

전통가구라 불리는 조선시대 이후의 가구는 한옥의 구조와 일맥상통한다. 기둥, 쇠목, 천판, 문으로 구성된 기본 골격을 가진다. 사랑방에는 서안, 사방탁자, 약장, 거문고가 놓인다. 조선시대의 안방 또는 안채에는 장(欌), 농(籠), 머릿장, 문갑, 탁자, 좌경, 빗접, 반짇고리, 함 등이 자리를 차지하고 있으며, 이 중 장과 농이 가장 큰 비중을 차지하였다. 무늬결이 아름다운 느티나무(槻木), 회화나무(槐木), 물푸레나무, 먹감나무, 참죽나무 등이 주로 이용되었다.

장(欌)

장(欌)은 우리나라의 고유한 용어로서 한자로는 수궤(竪櫃), 곧 세우는 궤라고 했다. 층이 각각 분리되어 구성된 농(籠)과는 달리 여러 층으로 되어 있어도 옆널(울타리)이 길게 한 개의 판으로 된 것을 장(欌)이라 한다.

조선시대 주택 전반에 걸쳐 가장 많이 사용된 대표적인 가구로는 그릇이나 의류, 침구 등을 넣어두는 수장구(收藏具)가 있다. 또 다른 대표적 내실 가구인 농(籠)도 비슷한 형태이나 아래위층의 분리 없이 한 덩어리로 되어 있으며, 기둥이 있고 개판을 가지되 몸체보다 좌우로 3~4cm 더 큰 것이 특징이다. 중앙에는 두 짝의 문판을 달아 여러 층의 칸을 만들어 의류를 보관했다.

대체로 대형 장은 방 윗목에, 아기장이라고도 불렸던 소형 장은 아랫목에 놓고 사용하였으며, 장 위에는 혼합, 궤 등을 올려놓아 장식하기도 했다. 장은 주인의 키보다 작은 것이 주류였으며, 이처럼 낮은 구조는 풍수적으로 하늘의 기를 받는다는 의미가 더해진 것으로 분석된다.

농(籠)

농은 원래 죽기(竹器)를 의미했던 것으로 밑짝이 얕은 것을 상(箱), 밑짝이 뚜껑보다 깊은 것을 농이라 하여 구분했다. 농은 아래위가 분리돼 있어 분리되지 않는 장과도 구별된다. 애초에 농은 버들이나 싸리, 대나무 등을 엮어 만들고 겉과 속에 종이를 바른 자그마한 가구로서 그릇 또는 옷 따위를 넣어두는 데 사용되었다. 그러나 시간이 흐르면서 나무 판재를 이용하여 만들어지게 되었다.

장과 농은 각 층의 분리 유무를 기준으로 구분한다. 각 층을 분리할 수 있게 만든 농은 상자를 포개어 사용하던 방식을 이어온 측면이 있다. 아울러 여러 층을 쌓아 사용하였다. 특이한 것은 더 높이 쌓을 수 있음에도 3층 이상 쌓지 않아 160cm 언저리에서 높이를 조절한 것이다. 이는 천장의 높이를 고려한 것이기도 하지만 풍수적으로 천기를 누리고자 하는 의도를 드러내는 것이기도 하다.

옷의 보관은 각 층마다 차이를 두었다. 이층 농인 경우 일층에는 철이 지난 옷을 보관하였으며, 이층은 평상복이나 자주 사용하는 물건 등을 넣어 일층에 비해 사용 빈도가 높았다.

의걸이장

위는 웃옷을 걸어두고 아래는 미닫이 모양으로 되어 있어 옷을 개어넣는 장이다. 내부에 횃대가 있어 관모나 옷 등을 걸게끔 설계되어 옷을 구기지 않고 걸쳐놓을 수 있게 만든 가구다. 의걸이장은 19세기 후반에서 20세기 초반에 성행하였고, 하층을 낮게 하고 상층을 높게 한 모습이 전형적인 이층 의걸이장 형태다.

삼층장

삼층으로 되어 있지만 옆널이 길게 한 개의 판으로 되어 있는 물건을 보관하는 가구다.

머릿장

사용이 편리하도록 머리맡에 두는 장으로 천판이 몸체보다 양옆으로 튀어나와 있고 몸체의 층별 구분이 없다. 머릿장은 일상생활에서 자주 쓰이는 물건을 쉽게 찾아 쓸 수 있도록 머리맡에 놓고 쓴다고 하여 붙여진 이름으로 장의 일종이다.

버선장

머릿장의 종류로 안방용은 애기장, 버선장이라 불린다. 안방에서 필요한 소품을 수장하기도 하고, 나지막한 천판 위에 장식품을 올려놓기도 한다.

경축장(經竺欌)

머릿장의 하나로서 사랑방용으로 서권 등을 보관하는 단층으로 이루어진 장이다.

약장

약장은 약재를 분류하여 따로따로 넣어두는 용도로서 여러 개의 서랍이 달린 나무로 만든 약장기(藥藏器)다. 넓은 의미에서 약장기는 약을 담거나 저장할 수 있는 모든 것을 뜻하기 때문에 약단지, 약병, 약주머니, 약합, 약갑, 약함, 약상자, 약궤, 약통, 약장 등이 모두 포함된다.

문갑

안방의 보료 옆이나 창 밑에 두고 문서, 편지, 서류 등의 개인적인 물건이나 일상용 기물을 보관하는 가구다. 애완물을 올려놓아 감상하거나 장식하기도 한다. 폭이 좁고 얇은 판재로 짜여진 장방형(長方形)의 가구인데, 각종 문방구와 간단한 문서 등을 치워두기 위해 실내에 비치한다. 19세기에 만들어진 것으로 추정된다.

보통 외문갑(單文匣)과 쌍문갑(雙文匣)으로 분류된다. 형태에 따라 책문갑(冊文匣 : 책상을 겸한 것), 난문갑(亂文匣 : 장식 공간이 많은 것), 당문갑(唐文匣 : 화류문(花柳紋)의 중국식 문갑)이라 불리며 용도에 따라 여성용과 남성용으로 구분된다.

안방에서 사용되는 여성용 문갑은 꾸밈이 화려하고 재료 자체도 화려한 목재로 제작되며, 사랑방에서 쓰이는 남성용은 선비 취향에 맞게 검소하게 꾸며진다.

탁자(卓子)

골주와 층널로만 구성된 장으로 수납 부분을 곁들여 만든 장이다. 탁자는 서안 형식을 갖고 있으나 키가 높아 글을 쓰거나 읽는 용도보다는 벼루, 필통, 연적, 향꽂이 또는 몇 권의 서책을 올려놓는 문방생활(文房生活)을 위한 사랑방 가구다.

서안(書案)

조선시대에 책을 읽을 때 사용하는 사랑방 가구다. 서상(書狀), 서탁(書卓), 궤안(几案) 등으로 불리기도 한다. 연상(硯床)을 따로 곁들여 쓰는 것이 상례다. 일반적으로 서안이라 불리는 책상형(冊床形), 판의 양끝이 위로 말려 올라간 경상(經床), 이층농 형식을 가지고 있어 머릿장, 문갑, 서안 등의 다목적 용도로 쓰이는 책상문갑형이 있다.

연상(硯床), 연갑(硯匣)

조선(朝鮮) 벼루를 담아 두는 문방가구에는 연갑(硯匣)과 연상(硯床)이 있다. 연갑은 벼루집인데 상자형으로 사방이 막혀 있는 반면 연상은 하단에 벼루 외에도 붓, 먹, 연적, 종이 등 간단한 소도구를 함께 보관한다.

경대(鏡臺)

거울을 세우는 대(臺)인데 거울과 거울을 지탱하는 지지대에 서랍을 갖추어서 화장도구 등을 넣을 수 있게 만든 것과 거울에 틀만 붙여서 만든 것이 있다. 유리 거울이 전래된 조선 후기에 만들어진 것으로 여성의 가장 중요한 혼수용품이었다. 주로 원앙, 십장생, 쌍학 등 색채가 풍부하고 화려한 장식과 문양을 많이 썼다.

남성용은 상투머리를 만질 때 사용했는데 서랍이 하나 정도 달린 소형으로 금구 장식이 많지 않았다. 경대는 실용적인 측면뿐 아니라 장식적인 멋을 고루 갖춘 생활 가구로 조선의 목칠가구 형태와 구조문양을 집약한 것이라 할 수 있다.

빗접, 빗접고비

빗접은 머리 손질에 필요한 빗, 빗솔, 빗치개 등을 넣어두는 데 사용한다. 소첩(梳貼)은 흔히 기름에 결은 종이제품을 가리키며, 목제품에 대해서는 소갑(梳匣)이라 한다. 유지(油紙) 빗접을 꽂아서 벽에 걸어두거나 혹은 빗접 자체가 고비 겸용으로 만들어진 것을 빗접고비라 한다.

각게수리

지금의 금고와 쓰임새가 비슷했던 것으로 주로 귀중품과 문서보관함으로 사용되었고 약장으로도 사용되었다.

사방탁자

사방이 트인 사방탁자는 여백의 미를 살린 조선 목가구의 독창적인 양식이며 소장품의 배치에 따라 또 다른 예술품으로 완성된다. 1800년경부터 사용되었고 군더더기나 장식이 전혀 없는 선반 형태의 수납가구다.

반닫이

전후, 좌우, 상하 여섯 면을 막고 앞면 상반부에 경첩으로 문짝을 만들어 위아래로 열고 닫는 궤의 한 종류다. 가구로서는 가장 유용했을 것이다. 의복이나 서책을 보관하는 용도로 사용하였으며, 궤짝 형식인데 반씩 여닫을 수 있어 반닫이라 불렀다. 강화 반닫이가 유명하다. 높이는 앉은 사람의 어깨 정도다.

궤(櫃)

궤는 현판의 중앙에 경첩을 달아 여닫는 돈궤나 곡물궤와 같은 윗닫이 궤와 앞면의 중앙에 경첩을 달아 위아래로 여닫는 앞닫이궤로 구분된다. 가장 유용하게 쓰였던 반닫이는 후자를 의미한다.

호족반

소반의 일종인데 좌식 식습관에 따른 것으로 구조가 단순한 밥상이다. 다리가 호랑이 다리 모양이면 호족반, 개다리 모양이면 개다리 소반으로 불리며 말다리 모양의 소반도 있다. 높이는 앉은키에 어울리고 한 사람의 3첩 반상 정도의 넓이에 목재는 은행나무를 사용한다.

지함

여러 겹의 종이를 붙여 만든 상자다.

기타

경상(經床), 탁상(卓床), 필갑(筆匣), 필통(筆筒), 지통(紙筒), 서류함(書類函), 인장함(印章函), 망건통(網巾筒), 목침(木枕), 이층책장(二層冊欌), 이층사방탁자(二層四方卓子), 이층농(二層籠), 주방을 대표하는 이층사방찬탁자(二層四方饌卓子), 삼층사방찬탁자(三層四方饌卓子), 삼층찬탁자(三層饌卓子), 찻상(茶床), 해주반(海州盤), 뒤주 등이 있어 수납에 활용되었다.

근거 없는
풍수 배치법
―

풍수지리에는 여러 가지 금기가 있는데 이를 보완하는 것이 비보풍수다. 아울러 풍수인테리어에서도 금기시하는 것들이 있다. 그러나 때로 자세히 들여다보면 전혀 근거가 없거나 근거가 약한 주장이 있으며 우리의 전통적인 풍수와는 어울리지 않는 이론도 다수 존재한다.

사실 풍수인테리어라는 말에서 알 수 있듯이 풍수지리의 양택 부분에서 논하는 인테리어 대부분은 우리의 것이 아닌 경우가 많다. 그 방법이 틀렸다는 것은 아니다. 사회는 발전하고 새로운 문화가 유입됨에 따라 효용가치가 있는 것은 받아들여야 할 것이다. 단, 우리 전통과는 거리가 먼 것들이 마치 우리의 것인 양 오도되고 강요되는 것은 문제가 있다. 지금부터 그런 이론들 몇 가지를 살펴보자.

침대에서 화장실이 바로 보이면 안 된다

우리 풍수에는 없는 주장임을 미리 밝혀둔다. 전혀 근거 없는 이야기로 서 또한 고택(古宅)이나 전통의 고가(古家)에는 이런 이론이 존재했는지 도 의심스럽다. 많은 학자들이 예로부터 전해왔다고 이야기하는데 사실 과거 우리의 전통 주택을 살펴보면 그 답은 명확해진다.

우리의 전통 주택에서는 화장실의 위치나 배치가 지금의 주택처럼 집 안에 있었던 것이 아니다. 또한 안방에 화장실이 붙어 있는 경우는 눈을 씻고 보아도 없다. 다만 관북지방의 경우라면 어느 정도는 가능성이 있는 말이다. 관북지방의 가옥은 추위를 이기기 위해 하나의 지붕 안에 모든 공간이 들어가 있었기 때문이다. 하지만 방과 화장실 사이에 부엌이 있으 므로 방에서 화장실을 마주할 일은 전혀 없었다.

현대적인 관점에서 침실에 화장실이 있는 것은 배관을 타고 위층에서 흐르는 물소리가 신경을 거슬리게 하고 수면에 방해를 준다. 화장실 바닥 에는 물기가 많으므로 습기가 벽을 타고 흐르거나 내부로 유인된다. 이 러한 이유 때문에 화장실 방향으로 머리를 두거나 화장실이 보이지 않는 것이 좋기는 하다. 하지만 분명한 것은 이러한 이론은 우리의 풍수와는 전혀 관계가 없다.

사람의 심리와 연관된 이론으로 보인다. 방문 바로 앞 공간은 기를 흩트려 허하게 하거나 문을 통해서 나쁜 기운이 침범하기 때문이다. 다시 말해 문을 통해서 들어오는 기운이 내부의 기와 뒤섞이고 타인에게 은밀한 것들이 노출되기 때문으로 보인다. 또한 누군가 갑자기 문을 열면 가슴이 '쿵' 하고 놀라는 것처럼 기가 처지므로 문 쪽에 머리가 있어서는 곤란하다.

침대의 머리는 문 쪽에 두어서는 안 된다. 가장 올바른 침대 머리의 위치는 동서남북을 가리지 않고 창쪽이다. 이를 족열두한(足熱頭寒)이라고 하는데 의학용어에서 따온 것으로 머리는 찬 쪽으로 배치하고 다리는 따스한 곳에 두라는 뜻이다.

그런데 우리의 침실 문화는 침대가 아니라 이부자리다. 우리의 생활에 침대가 들어온 것은 그리 먼 시기가 아니다. 중국의 경우라면 침대가 아니라 침상이 있었으니 어느 정도 합당한 이론이라 할 수 있겠지만 중국 풍수에서도 이런 이론을 찾을 수 없으니 현대적 의미의 풍수라고 하겠다.

우리의 풍수 기법에 충살론(沖殺論)이라는 것이 있다. 문과 침대가 일직선이어서 문을 열면 바람이 침대를 때리는 경우를 말한다. 그러나 문에서 침대가 보이는 것만으로 문제가 있다고 보는 것은 이해하기 어렵다.

머리를 북쪽으로 두고 자면 안 된다

동양 사상에서 북쪽은 검은색이며 음기가 강한 방향이다. 죽은 사람은 조용하고 음기가 강하니 북쪽은 죽은 사람의 공간이라는 인식이 생긴 것이다. 즉, 북쪽에 머리를 두고 자면 좋지 않다는 이야기는 낭설이며 설득력도 떨어진다.

풍수적 이론에 따르면 북쪽은 가장 깊이 잠들어 숙면을 취할 수 있는 방위다. 북쪽으로 창이 있다면 족열두한의 법칙에 따라 북쪽으로 머리를 두고 잠을 자는 것이 올바른 수면법이다.

침대 근처에 거울을 두지 마라

거울은 반사하는 특징이 있어 기운을 반사시킨다고 한다. 또한 자신이 누워 있는 모습을 보기도 하고 자신의 치부를 보기도 한다. 바람기가 일어난다고 말하기도 한다. 따라서 침실에 큰 거울이 달린 화장대를 두는 것은 좋지 않다. 대신 작은 화장 거울 정도를 두어 필요시 사용하는 것이 좋다.

우리의 전통 풍수나 집의 구조에서는 침대의 유무를 먼저 파악해야 할 것이다. 우리가 언제부터 침대를 사용했던가? 차라리 잠자리에서 발 밑쪽에 거울을 두지 말라고 주장했다면 더욱 설득력이 있었을 것이다.

흔히 북동쪽을 지칭하는 간방을 표귀문(表鬼門)이라 하고 남서쪽을 지칭하는 곤방을 이귀문(裏鬼門)이라 하며, 두 방위를 통칭하여 귀문방(鬼門方)이라 부른다. 귀문이란 귀신이 드나드는 문이라는 의미인데 기운이 변하는 방이라는 주장이다. 음양의 법칙으로 풀어보면 음이 가장 많은 북에서 양의 기운으로 변해가는 방위가 간방이라는 주장이고, 양의 기운이 넘치는 남쪽에서 음의 기운으로 넘어가는 방향이 곤방이라는 주장이 성립된다. 굳이 또 추가하면 시간적으로 밤에서 오전으로 넘어가는 시기가 간방이고, 오전에서 오후로 넘어가는 시기가 곤방이 된다. 결국 음양의 논리로 해석했다는 것이다.

귀문방 이론은 역사에서도 찾아볼 수 있다. 중국의 역사를 기본으로 살펴보면 어느 정도 타당성이 있다. 현재의 중국은 한족을 중심으로 한 국가지만 실제로 중국을 지배했던 왕조를 살펴보면 한족의 시대는 차라리 미미하다. 원나라와 청나라가 한족이 아닌 것에서도 알 수 있다. 한족이 세운 중국은 예로부터 북동쪽에 자리한 흉노와 남서쪽의 만족을 가장 두려워했다. 이러한 사실에 음양오행의 이론이 더해져 귀문방의 논리가 형성되었다.

일본의 경우는 지세적이다. 일본은 겨울철마다 북방의 섬이나 러시아 방향에서 차가운 바람이 불어오고 눈도 많이 오므로 고통스러웠다. 이 방향이 일본의 지형에서 북동쪽에 해당한다. 아울러 여름부터 가을까지는 필리핀 근해로부터 올라온 태풍이 고통을 주었는데 이 방향이 바로 남서쪽으로 곤방이다.

우리의 땅은 어떤가? 간방은 일본의 삿보로(札幌)가 있는 일본 홋카이도(北海道)가 넓게 자리하고 있어 한겨울의 차가운 바람을 막아주고 있으므로 간방이 귀문방이라는 이론은 우리 땅에 어울리지 않는다. 남서쪽 간방은 어떤가? 이 땅의 지형에서 간방은 제주도나 전라남도 정도가 해당될 것이다. 태풍이 밀려오는 방향이다. 해마다 태풍이 이 방향으로 오지만 일본이나 중국에 상륙하는 태풍과 비교하면 비교적 약하다. 이는 일본의 오키나와를 비롯 여러 섬과 일본 열도를 구성하는 4대 섬 중 가장 남쪽에 있는 규슈(九州)가 태풍을 차단하기 때문이다. 일본 열도가 막아주고 있어 우리 땅은 비교적 한겨울에도 차가운 바람과 눈에 의한 피해가 많지 않고, 한 여름에도 일본을 스치며 올라오는 태풍의 위력에 비교적 한계가 있다.

중국이나 일본과 비교해도 귀문방이란 우리 땅에 어울리지 않는다. 오히려 우리에게 위험한 방향은 서북쪽이다. 해마다 황사가 날아오는 방향이라 우리 국민에게 심각한 영향을 미친다. 우리의 귀문방이라면 서북쪽을 가리키는 건방(乾方)이 될 것이다.

풍수적으로 꺼릴 방향이 없는 것은 아니나 필요한 방향을 찾아 사용하면 될 것이다. 동북쪽을 의미하는 간방(艮方)은 자라나는 아이에게 좋은 방이며, 남서쪽을 가리키는 곤방(坤方)은 부부의 침실로 좋은 방향이다. 따라서 동서사택법에서 간방은 소남의 방향으로, 곤방은 노모의 방으로 정하고 있다.

마치며

늘 그렇지만 글을 마치면 부족한 점들이 눈에 띄게 마련이다. 하나하나 부족해 보이고 하고 싶은 말을 미쳐 모두 담지 못한 듯한 느낌도 든다.

수납법에 대해서는 오래전부터 쓰고 싶었다. 자료를 모으면서 수납법이 우리의 실생활에 얼마나 적용되고 또 얼마나 도움이 되는가를 생각해 보았다. 사실 현재 주류로 자리잡고 있는 수납법은 우리 고유의 것이라고 보기에는 무리가 있기 때문이다.

오래도록 풍수를 익히고 배우며 가르친 사람으로서 수납을 풍수의 관점에서 들여다보았다. 풍수는 과연 어떤 관점에서 수납을 이해해야 하는가? 우리의 조상들은 수납을 위해 어떤 도구를 사용했으며 어떤 관점을 가지고 접근했는가? 막연하고 획일화된 현재의 수납법이 아니라 우리의 조상들이 사용했던 수납도구를 살피고 그들이 사용했던 수납의 방법과 효과를 살펴보고자 하였다.

전통적 개념의 수납은 풍수에 속한다. 풍수는 문화다. 그렇다면 수납은 막연하게 물건을 정리하고 정돈하는 개념이 아니라 문화의 범주에서 보아야 한다. 수납이란 곧 풍수라는 개념에서 보는 것이 마땅하다. 따라서 우리는 우리의 것을 먼저 살펴야 한다. 우리의 것을 이해하고 수납에 접근하니 전통적인 개념에서 사용되었던 수납을 이해할 수 있었다. 우리의 정신에서 바라보는 수납은 이미 우리의 문화가 되어 있었다.

수납의 방법과 적용은 다양할 것이다. 모두가 생활의 편리성을 추구하기 위한 것들이다. 다만 이 책은 수납을 더욱 문화적인 관점에서 살펴보고자 하였고, 우리의 것이 무엇인가를 살펴보고자 하였다. 그렇게 해서 오늘 이 글을 인간 세상에 내놓게 되었다.

이 책이 여러 사람에게 도움이 되기를 바라는 마음이다.

轟轟軒에서 晟甫 안종선

참고문헌

김광언/풍수지리/대원사/1993

편집부/아름다운 집. 인테리어 기초 백과 999/효성출판사/1996

장영훈/왕릉풍수와 조선의 역사/대원사/2000

주남철/한국 건축사/고려대 출판부/2002

안종선/삶의 터전 양택풍수/미르/2008

요시카와 에리코/정리정돈 대사전/초록물고기/2013

곤도 마리에/정리의 마법/더난 출판/2011

유루리 마이/우리집엔 아무것도 없어/북앳북스/2013

박상근/알기 쉬운 생거지 풍수건축여행/기문당/1998

이필영 외/솟대/대원사/1990

김호년/한국 명가의 풍수/동학사/1996

안종선/기를 부르는 풍수 인테리어/산청/2014

안종선/성보의 풍수 인테리어/산청/2015

안종선/풍수 인테리어 운명을 바꾼다/중앙생활사/2016

고제희/한국의 묘지기행 1,2,3/자작나무/1997

허균/사찰장식 그 빛나는 상징의 세계/돌베개/2000

최순우/무량수전 배흘림기둥에 기대서서/학고재/1994

안종선/전통의 문화 음택풍수/매직북/2009

도미니크 크로/심플하게 산다/바다출판사/2012

리노이에 유치쿠/운이 좋아지는 풍수 수납정리/넥서스 BOOKS/2004

김동규/풍수지리 인자수지/명문당/1992

김동규/지리 나경투해/명문당/1985

조용헌/5백년 내력의 명문가 이야기/푸른역사/2002

신평/지리오결/동학사/1993

한국문원 편집실/왕릉, 왕릉기행으로 엮은 조선왕조사/한국문원/1995

천인호/풍수사상의 이해/세종출판사/1999

편집부/가구 코디네이트/효성미디어/1994

이익성/택리지/을유문화사/1993

백형모/호남의 풍수/동학사/1995

성필국/명당과 생활 풍수/홍신문화사/1996

신영훈/한옥의 조형/대원사/1989

윤선현/하루 15분 정리의 힘/위즈덤하우스/2012

SILVIO SAN PIETRO-PAOLA GALLO/KITCHENS CUCINEEDIZIONI/2004

건축세계 편집부/인테리어 디테일 8/건축세계/2004

편집부/전원주택/효성미디어/1997

풍수 인테리어 운명을 바꾼다

안종선 지음 | 올컬러

풍수 최고 전문가인 저자가 풍수지리를 활용한 공간별 완벽 배치법은 물론 정리정돈과 수납법까지 그 비법을 사진, 일러스트와 함께 쉽고 자세하게 알려준다.

약, 먹으면 안 된다

후나세 슌스케 지음 | 강봉수 옮김

이 책은 감기, 우울증, 두통, 수면장애, 비만, 고혈압 등에 관련된 약의 구성성분, 작용과 부작용, 약을 대체할 수 있는 방법 등을 자세히 서술하고 있다.

누구나 쉽게 할 수 있는 약초 약재 300 동의보감

엄용태 글 · 사진 | 정구영 감수 | 올컬러

약재 전문가인 저자가 암, 고혈압, 당뇨병, 뇌졸중, 치매, 비만 등 각종 질병에 효과적인 보약 및 약재 만드는 법을 관련 사진과 함께 이해하기 쉽게 알려준다.

골든타임 1초의 기적

박승균 지음

eBook 구매 가능

현직 소방관인 저자가 자신의 경험을 살려 재난, 재해 및 생활 속 각종 안전사고가 발생했을 때 신속하게 대처할 수 있는 응급처치 방법을 알려준다.

퀼린 박사의 암을 이기는 영양요법의 힘

패트릭 퀼린 지음 | 박창은 · 한재복 옮김

이 책은 국제적으로 인정받은 암과 영양 분야 전문가인 패트릭 퀼린 박사가 쓴 암 치유와 예방을 위한 지침서다.

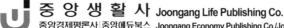
중 앙 생 활 사 Joongang Life Publishing Co.
중앙경제평론사|중앙에듀북스 Joongang Economy Publishing Co./Joongang Edubooks Publishing Co.

중앙생활사는 건강한 생활, 행복한 삶을 일군다는 신념 아래 설립된 건강·실용서 전문 출판사로서
치열한 생존경쟁에 심신이 지친 현대인에게 건강과 생활의 지혜를 주는 책을 발간하고 있습니다.

풍수 수납 운명을 바꾸는 정리

초판 1쇄 발행 | 2018년 2월 8일
초판 1쇄 발행 | 2018년 12월 15일

지은이 | 안종선(JongSun Ahn)
펴낸이 | 최점옥(JeomOg Choi)
펴낸곳 | 중앙생활사(Joongang Life Publishing Co.)

대   표 | 김용주
책임편집 | 김미화
본문디자인 | 박근영

출력 | 현문자현 종이 | 한솔PNS 인쇄·제본 | 현문자현

잘못된 책은 구입한 서점에서 교환해드립니다.
가격은 표지 뒷면에 있습니다.
ISBN 978-89-6141-214-8(03590)

등록 | 1999년 1월 16일 제2-2730호
주소 | ⑰ 04590 서울시 중구 다산로20길 5(신당4동 340-128) 중앙빌딩
전화 | (02)2253-4463(代) 팩스 | (02)2253-7988
홈페이지 | www.japub.co.kr 블로그 | http://blog.naver.com/japub
페이스북 | https://www.facebook.com/japub.co.kr 이메일 | japub@naver.com
♣ 중앙생활사는 중앙경제평론사·중앙에듀북스와 자매회사입니다.

www.japub.co.kr
전화주문 : 02) 2253 - 4463

※ 이 도서의 국립중앙도서관 출판시도서목록(CIP)은 서지정보유통지원시스템 홈페이지(http://seoji.nl.go.kr)와
국가자료공동목록시스템(http://www.nl.go.kr/kolisnet)에서 이용하실 수 있습니다.(CIP제어번호:CIP2018001968)

중앙생활사에서는 여러분의 소중한 원고를 기다리고 있습니다. 원고 투고는 이메일을 이용해주세요.
최선을 다해 독자들에게 사랑받는 양서로 만들어 드리겠습니다. **이메일 | japub@naver.com**